超级 APP 视觉设计大揭秘

Sun I 视觉设计　编著

電子工業出版社
Publishing House of Electronics Industry
北京·BEIJING

内容简介

如今，各种社交、新闻、娱乐、游戏类APP正在悄然地改变着人们的生活，让我们的生活变得多姿多彩，也因如此，越来越多的人们开始关注APP的开发与设计，这其中便不乏APP的视觉设计。如何让APP变得更具魅力，让其拥有能够吸引用户的外形？这既是APP设计的重要议题，也是本书尝试与读者一起探讨与分享的内容。

全书共分为九个章节，第一章与第二章为本书的基础部分，旨在通过对APP基础知识及其与视觉设计的关系的讲解，带领读者进入到APP视觉设计的世界。第二部分的七个章节分别按照如今较为热门的APP进行分章，其中有社交类APP、新闻阅读类APP、生活类APP、娱乐休闲类APP、图像处理类APP、学习办公类APP及游戏类APP。每章分别选择了不同门类APP中较为具有代表性的应用产品，并对它们进行分析与讲解，然后通过讲解提炼出相应的设计方法与思路，以供读者用在日后的APP设计之用。

本书适合UI设计师、图形界面、用户体验研究爱好者及相关工作人员学习，也作为各类UI设计培训班及大中专院校相关课程的参考资料。

图书在版编目（CIP）数据

超级APP视觉设计大揭密 / Sun I视觉设计编著. --北京：电子工业出版社，2015.1
ISBN 978-7-121-24778-1

Ⅰ. ①超… Ⅱ. ①S… Ⅲ. ①移动电话机－人机界面－程序设计 Ⅳ. ①TN929.53

中国版本图书馆CIP数据核字(2014)第270563号

责任编辑：田　蕾
文字编辑：赵英华
印　　刷：北京捷迅佳彩印刷有限公司
装　　订：北京捷迅佳彩印刷有限公司
出版发行：电子工业出版社
　　　　　北京市海淀区万寿路173信箱　　邮编：100036
开　　本：720×1000　1/16　印张：10.5　字数：268.8千字
版　　次：2015年1月第1版
印　　次：2015年1月第1次印刷
定　　价：58.00元

广告经营许可证号：京海工商广字第0258号

参与本书编写的有马世旭、罗洁、陈慧娟、陈宗会、李江、李德华、徐文彬、朱淑容、刘琼、徐洪、赵冉、陈建平、李杰臣、马涛、秦加林。

凡所购买电子工业出版社图书有缺损问题，请向购买书店调换。若书店售缺，请与本社发行部联系，联系及邮购电话：（010）88254888。
质量投诉请发邮件至zlts@phei.com.cn，盗版侵权举报请发邮件至dbqq@phei.com.cn。
服务热线：（010）88258888。

前言

计算机的出现及互联网的兴起让人们的工作生活方式有了重大的改变，而随着科技的不断发展，如今移动设备及移动互联网再次掀起了一股改变人们生活的热潮，APP这个词汇与概念也因此产生并备受人们关注。

顺应时代的变迁，本书也抓住了APP这一热点，致力于GUI，也就是移动应用产品的视觉设计这一关键点，通过对APP分类及选择分类中具有代表性的APP产品，进行视觉设计的分析与展示，旨在让读者了解并掌握一些APP视觉设计的方法与思路。下面通过图表先来对本书的知识结构与特色进行大致了解，以便于我们更好地开启对本书的阅读之旅。

整书框架结构

第一大部分 基础部分

包含章节：

Chanpter 01

Chanpter 02

学习目的：旨在让读者了解什么是APP，以及APP视觉设计的相关基础知识，为以后的学习奠定相应的理论基础。

章节特色：图形化表述

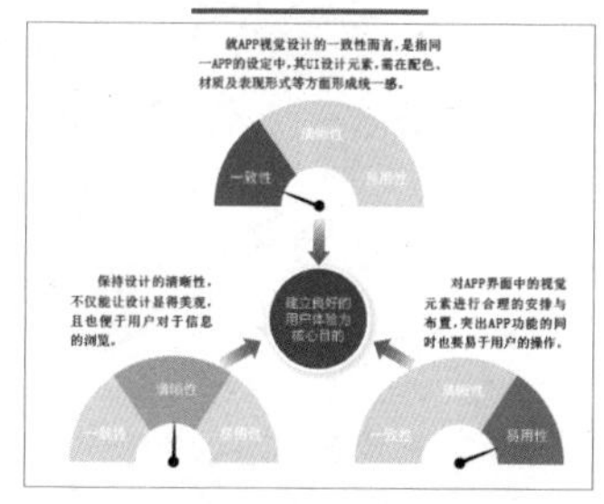

接收信息更轻松

第二大部分 APP分类介绍部分

包含章节：

Chanpter 03 社交类APP

Chanpter 04 新闻阅读类APP

Chanpter 05 生活类APP

Chanpter 06 娱乐休闲类APP

Chanpter 07 图像处理类APP

Chanpter 08 学习办公类APP

Chanpter 09 游戏类APP

学习目的：旨在让读者了解不同类别APP的视觉设计的不同特点，并了解更多的APP视觉设计方法，然后能从中获取创作设计思路与灵感。

章节特色：

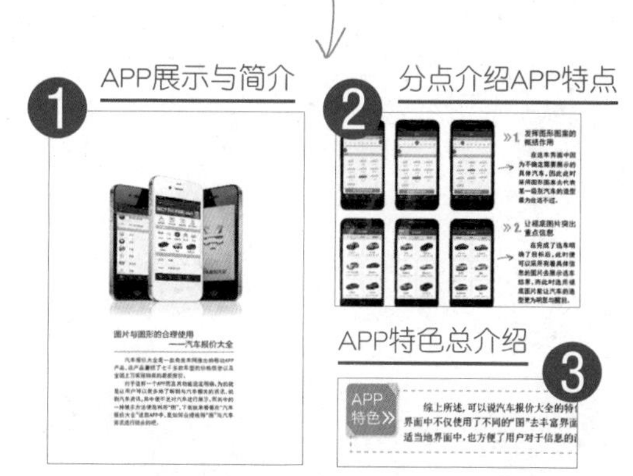

1、2、3步走，全面把握APP视觉设计方法与特色

已读 目录 未读 IV

Chapter 01

APP 视觉设计的入场券

已读 目录 未读

Chapter 02

迎合用户让 APP 更具魅力

已读 目录 未读VI

Chapter 03

社交类 APP

已读 目录 未读VII

Chapter 04

新闻阅读类 APP

Chapter 05

生活类 APP

Chapter 06

娱乐休闲类 APP

已读 目录 未读

Chapter 07

图像处理类 APP

已读 目录 未读XI

Chapter 08

学习办公类 APP

已读 目录 未读XII

Chapter 09

游戏类 APP

100%

Chapter 01

APP 视觉设计的入场券

内容摘要

认识 APP

了解 APP 视觉设计

APP 视觉设计与三大操作系统的关系

APP 视觉设计的总则与表现方法

滑动解锁

1.1 揭秘从认识 APP 开始

随着时间的推移、科技的进步与发展，如今我们所生活的时代，衍生出了琳琅满目的电子产品——计算机、笔记本电脑、平板电脑、移动通讯设备手机等，它们的出现让我们的生活发生了翻天覆地的变化。新浪微博上曾经发过如下图所示的一张图片，它从细节概括了我们生活习惯的变化，其实也是电子产品变化的缩影。

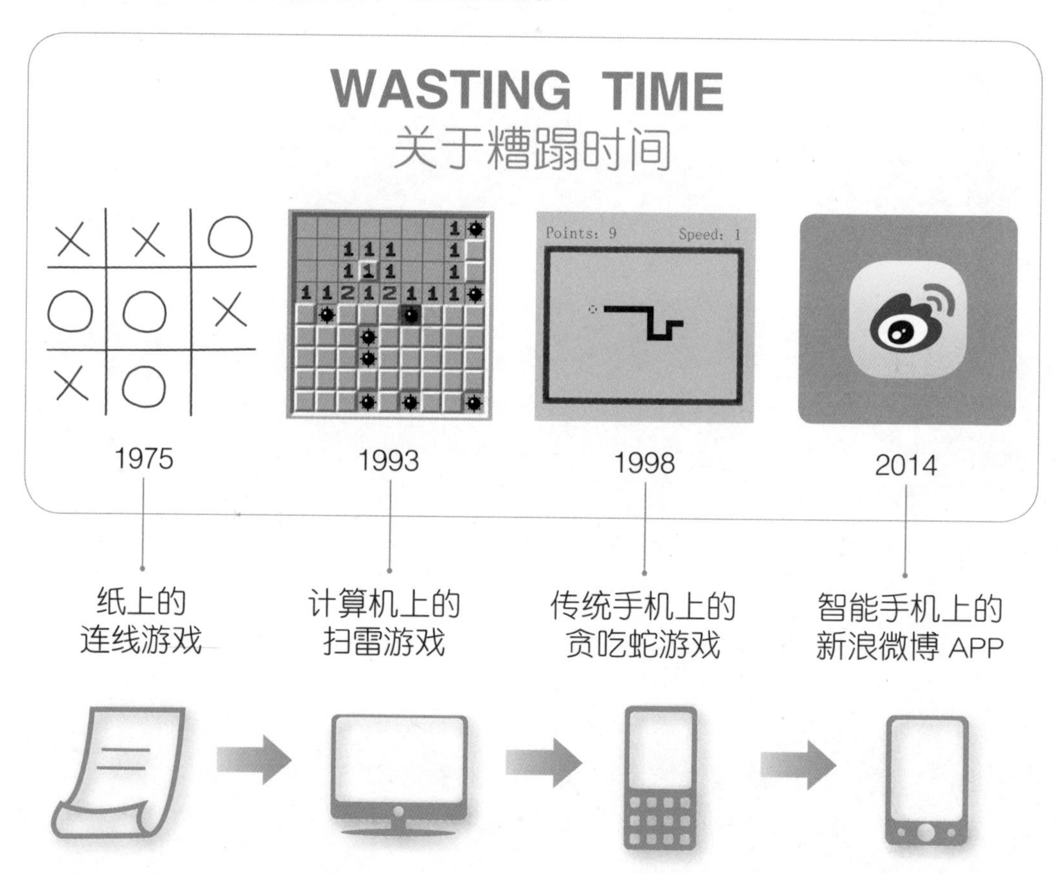

虽然上图有一个很调侃的名字“关于糟蹋时间”，但其实这也在一定程度上反映了电子产品的出现让我们有了更多的娱乐休闲方式，同时通过上图也不难发现，这些电子设备也随着时间的推进而进行着改变与进化。

以移动设备电子产品为例，最初我们只能在传统手机上玩贪吃蛇的游戏，而后来随着智能手机的出现，触屏的操作方式，带来了对移动设备更为便利的使用，这使得各类手机游戏及娱乐休闲产品层出不穷，而在这一过程中也形成了“APP”的概念。

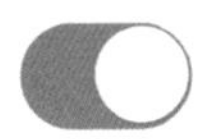

1.1.1 你知道什么是 APP 吗?

什么是APP呢?下面我们首先通过APP的定义、现状、下载渠道等方面来对APP进行一个初步认识。

APP 的定义

APP的外语全称为Application,就是在移动设备如智能手机上所使用的第三方应用程序,我们还称其为应用、应用程序、移动互联网产品、产品或是移动客户端。

APP 的现状

随着移动互联网的出现及智能手机与平板电脑等移动终端设备的普及,人们逐渐习惯了使用应用客户端的上网方式。

因此,也有越来越多的互联网企业、电商等拥有属于自己的移动客户端,并将其作为销售的主战场之一。除此之外,也有越来越多的互联网产品在移动互联网中逐步开辟了属于自己的客户端。这些现象都促进与APP应用相关的UI设计的发展,如下图所示。

电子商务 APP

京东

▲京东 APP 主界面

阿里巴巴

▲阿里巴巴 APP 主界面

互联网产品转战移动互联网平台

新浪微博

▲新浪微博 APP 界面

APP 的下载渠道

有了APP之后，我们如何在移动设备中使用这些APP呢？首先我们需要对这些APP进行下载，其中比较常用的下载渠道与方法为应用商店的使用。

根据移动设备所使用的操作系统的不同，应用商店也各有区别，其中较为著名的有Apple的iTunes商店、Android的Play Store、诺基亚的Ovi store，以及Blackberry用户的BlackBerry APP World等。

比如，当我们需要中iPhone智能手机中添加“Hyperlapse—Instagram”应用程序时，便有如左图所示的几个操作步骤。

STEP1

单击APP Store图标进入应用市场

STEP2

通过精品推荐或搜索界面找到所需下载应用并进行单击与界面跳转

STEP3

单击界面中的免费后，再单击安装按钮

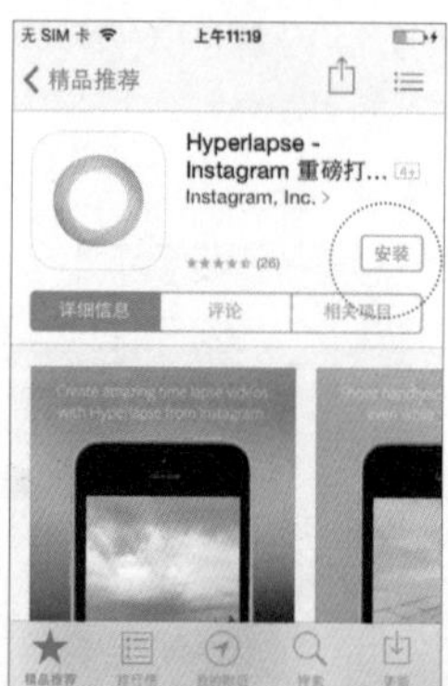

STEP4

输入账号进行APP下载与安装

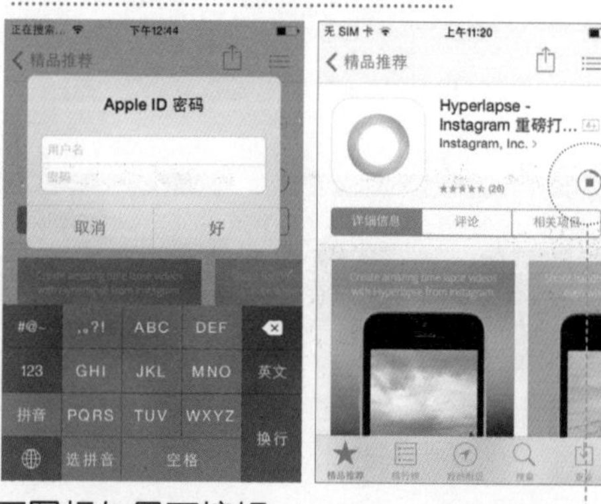

桌面图标与界面按钮相对应表明 APP 正在下载的状态

Instagram 重磅打...
Instagram, Inc.
打开
详细信息
评论
相关项目

安装完成后图标与按钮发生了变化

◀在智能手机的桌面界面中会生成 APP 对应图标

从 APP 应用的启动看 APP 的组成结构

通过前文的分析不难发现，每个APP在下载与安装后都会在移动设备的主界面中产生一个与之对应的图标，而当我们需要使用与启动某个APP时，便需要通过该图标作为入口，进入到对APP的操作与使用的平台。

进入APP操作平台

单击图标

单击图标

进入 APP 操作平台

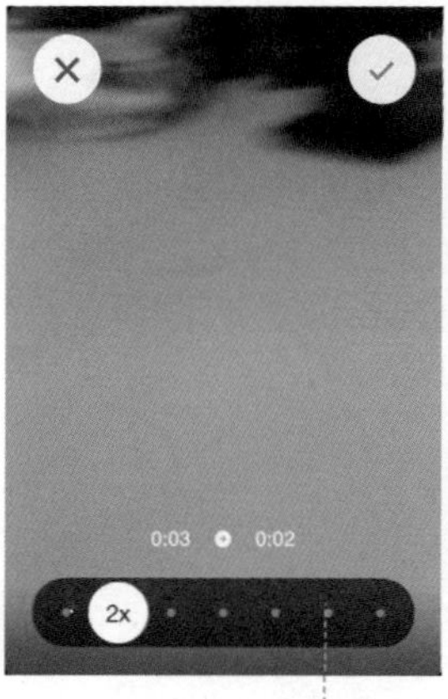

一个个界面构成显示APP不同功能的操作平台

图标与界面设计形成了APP的UI设计

进入到APP应用的操作平台后，会出现多个与APP相关的界面，通过这些界面用户可以对APP进行使用，而同时这些界面以及图标的设计也涉及到了APP的UI设计，这也是本书着重需要介绍的，下面我们首先来了解什么是APP视觉设计。

1.1.2 APP视觉设计的奥秘

APP视觉设计其实就相当于移动UI视觉设计，如前文所述，一款APP拥有与之所对应的图标，同时也包含了许多操作界面，对应这些图标与界面在视觉层面的设计，是APP的视觉设计，其实也是移动UI的视觉设计，什么又是视觉层面的设计呢？如下图所示。

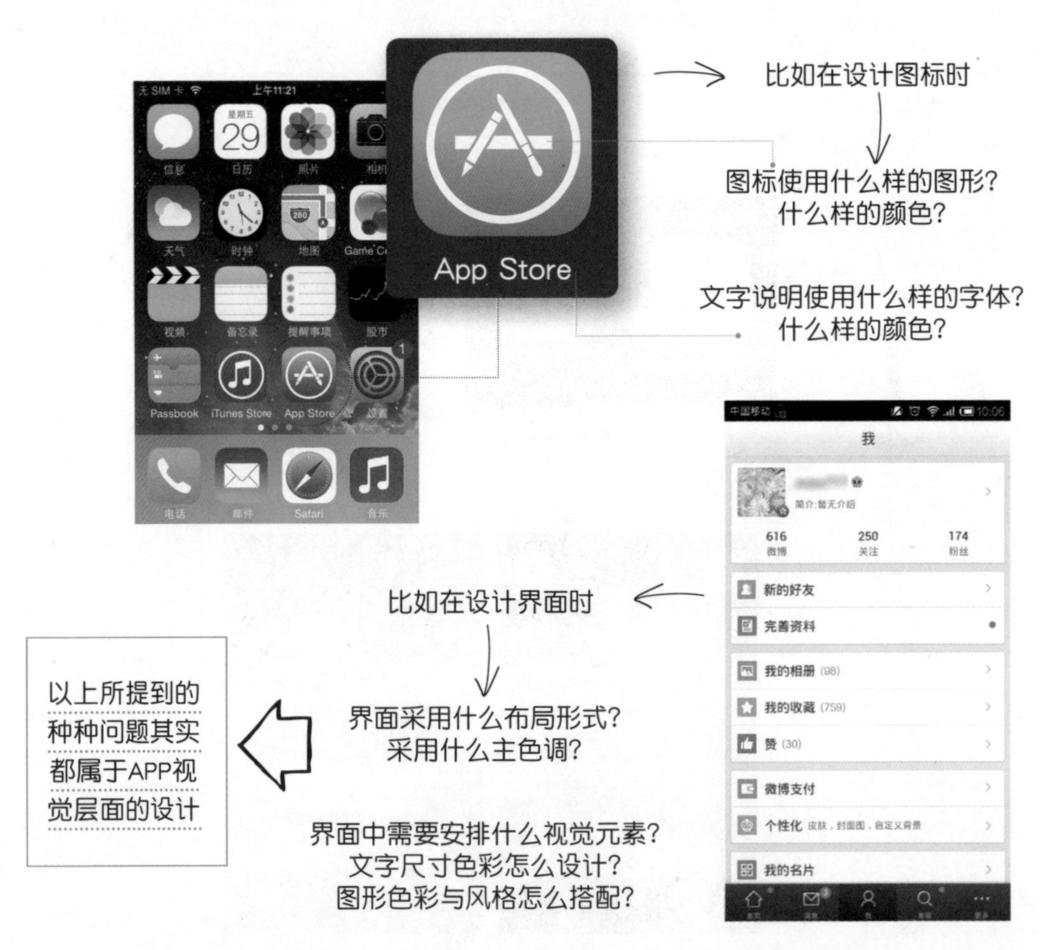

关于上文中所提到的那些问题的答案是什么呢？具体问题可能有着不同的答案，但它们的设计目的却是不谋而合的——都是为了让所设计的元素呈现出更加美观与合理的视觉效果，这也是视觉设计的目的。

而对于APP中的UI视觉设计而言，除了需要把握基本的形象视觉元素间具备视觉感官上的美观性搭配以外，用户体验也是需要考虑的重要命题。可以说，APP的视觉设计中的美观，不仅仅是让人眼前一亮的视觉体验，更多的是能否让用户快速地去适应APP整体环境的体验。

通过平面广告理解 APP 视觉设计

平面广告中的形象视觉元素

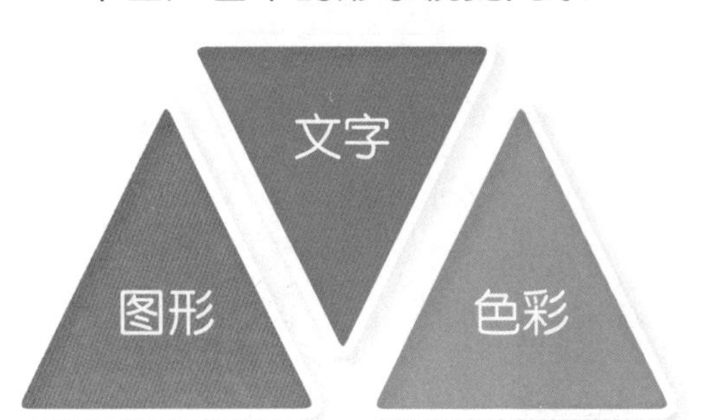

设计师们协调好图形、文字与色彩这三大视觉要素之间的搭配关系，将自己的设计想法呈现在观众面前，然后让广告能够吸引人们眼球，最终起到一定的宣传效果，这便形成了平面广告设计。我们可以用“好看”这个词来概括平面广告设计的目的。

平面广告视觉设计中的好看

重在利用华丽的外表
第一时间吸引观者的眼球
提高观者对广告的关注度
从而达到广告宣传的目的

好看

APP视觉设计中的好看

除了视觉的美感享受
更需要注意让用户感觉
“好看”——易懂与明了
APP不是艺术品
实用才是关键

用户体验
文字
图形
色彩

APP 视觉设计的要点

对于APP的视觉设计也就是UI的视觉设计而言，同样包含了平面广告中所提要的三大视觉要素，我们同样需要对APP的界面进行图形、文字与色彩的搭配设计。

但与平面广告设计不同的是，APP是动态的，它包含了人与机器的互动与交互，这是它最大的特点，而这一特点便要求设计师在进行视觉设计时，需要照顾到用户的体验与感受。因此，APP视觉设计所意味的“好看”也并非只是拥有华丽的外表。

APP 的独有特点

如前文所述，平面广告与APP视觉设计有着相同的视觉设计元素，这告诉我们，可以采用平面广告的设计方法去理解，以及对APP产品进行UI的视觉设计。

除此之外，我们也需要考虑到APP独有的特点，对其进行更具针对性的设计，其中一点便是前文所提到的——交互感，而除了交互特性以外，APP还存在着其他特点，下面便来进行相应的了解。

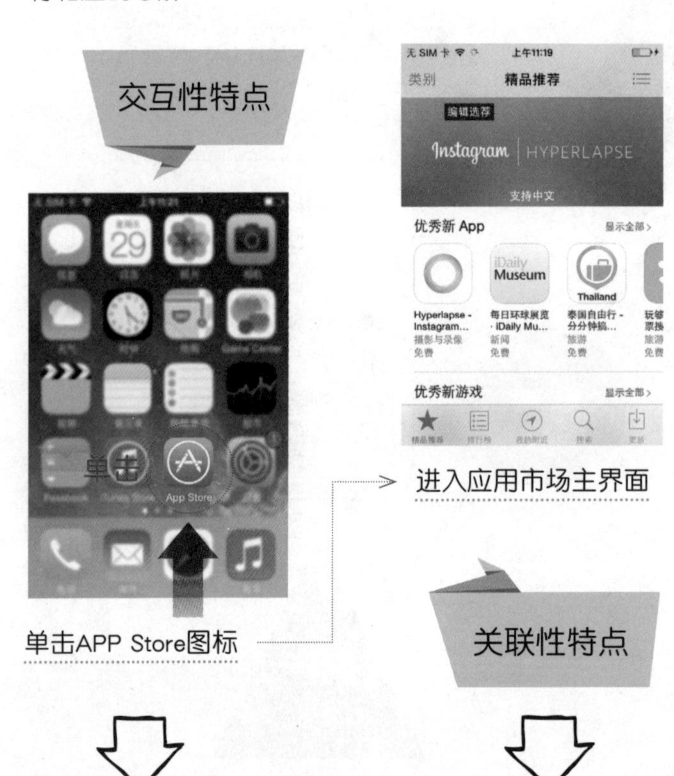

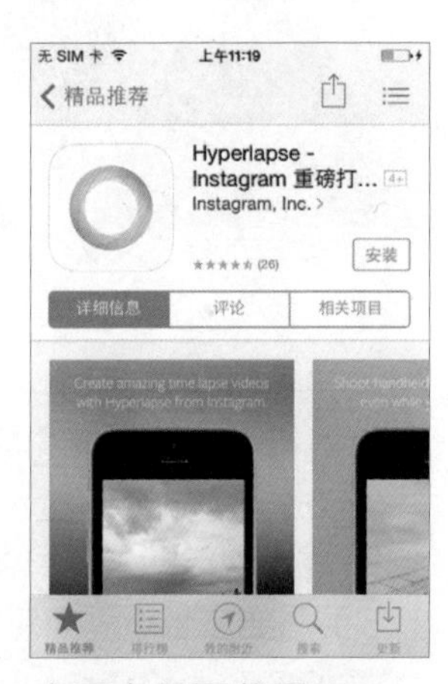

应用市场下载界面——具有下载APP的功能

人对移动设备具有操作与控制感，并通过控制能够完成相应的任务，如上图所示，这便形成了人机交互，交互感也是APP所具备的特性。

APP图标并不是单独的图标，通过交互动作后，会出现与之对应的APP界面，而一个APP也并非只有一个界面，其界面与界面之间也都是围绕着APP的主题相联系的，这便形成了APP的关联性特点。

APP并不像平面广告一般，人们浏览过之后就会被“丢弃”，APP通常具有一定的功能，而实用的功能会让用户长久且持续使用该APP。

了解用户体验

如果说平面广告在设计时考虑的是其能够达到第一时间吸引观者眼球的视觉效果，那么对于APP的视觉设计而言，除了借鉴平面广告设计利用三大视觉元素的合理搭配设计出具有美观视觉感受的APP以外，而由于其具备交互、关联与功能性的独有特点，因此在设计时，还需要考虑“用户体验”这一层面，而什么又是用户体验呢？

APP的视觉设计不仅需要美观的“好看”还需要容易被发现的“好看” → 合理利用三大视觉元素的对比等关系APP视觉设计能让用户获得视觉上的良好体验

APP的功能性特点也体现在图标的视觉设计之上 → 功能性适当地可视化处理能让用户获得更好的识别体验

“单击”的动作便涉及APP的交互性特点 → 对于视觉设计而言可以合理运用元素尺寸让用户拥有就好的交互体验

对应关系涉到了合理的关联性设计 → 对于视觉设计而言可以通过一致性法则去表现关联感从而让用户获得更好的操作体验

用户能够看到图标

如何让用户识别图标

用户是否能够舒适地单击图标

图标是否对应了相应的界面

……

以上所提到的种种问题其实都涉及“用户体验”

如上文所示，适当与合理地对APP的特点进行把握与设计，能让用户从各个方面获得更好的体验，而这些良好的体验，也会让APP备受用户青睐，从而彰显其价值所在。

APP 视觉设计与用户体验的关系

同时通过上文的描述也不难发现，上文中所提到的各种体验其实在一定程度上也都可以通过视觉设计的优化去实现与改进，其中所涉及的设计方法会在本书的后面章节一一进行讲解。与此同时，用户体验其实也引导了APP视觉设计，我们进行APP视觉设计的目的在于让用户获得更好的体验。

通过下面的图表与案例分析，我们可以总结一下APP视觉设计与用户体验的关系，理清它们的关系之后，能让我们进一步了解究竟什么是APP视觉设计，在对APP进行视觉设计时我们又究竟需要注意哪些事项。

APP视觉设计与用户体验的关系图表

案例分析

好看而不好“看”的界面

好看

界面使用了明度较高的绿色，形成一种荧光的视觉效果，显得较为特别与美观，具有形式美感。

不好“看”

然而这样的色彩却显得刺激性较强，不便于用户对界面中信息的浏览，不能让用户获得较佳的视觉体验。

好看又好“看”的界面

界面中的小图标采用明度较高的绿色可以维持界面的荧光感，而降低界面中单位换算显示版块绿色的明度，能更方便用户浏览信息，界面显得好看又好“看”。

APP视觉设计的奥秘总结公式

掌握平面广告中三大视觉元素的搭配与运用方法  掌握用户的体验与感受  掌握APP视觉设计

1.2 APP 视觉设计基本法则指引设计方向

前面的章节中描绘了APP的大致样貌轮廓与知识框架，读者可以从中对APP及其视觉设计进行一个较为基础的认识。

而在对什么是APP以及APP的视觉设计进行了大致的了解与认识后，我们也需要对基本的视觉设计法则进行了解，它们是设计的利器与指南针，能帮助我们建立设计的思维模式，也引导我们更快更好地进行设计与创作。

1.2.1 APP 视觉设计中不同的表现形式

在了解APP的视觉设计法则之前，先来看看APP在视觉表达的过程中有哪些不同的表现形式，而这些表现形式与移动设备的操作系统息息相关。

三大操作系统

对于移动设备而言，不同的操作系统有着不同的视觉设计风格，而如今较为主流的操作系统有三种——苹果的IOS7系统、Android系统以及微软的WP8系统。

在这些操作系统中，移动UI的视觉设计也有着不同的表现形式，如右图所示。

三大操作系统中不同的 APP 视觉表现

上页中展示了三大操作系统的系统操作界面，不难看出，三大操作系统的UI视觉设计有着各自不同的特色与表现形式，这样的表现形式也影响着APP产品的UI视觉设计。

很多时候，为了迎合操作系统的视觉环境，APP的开发者与设计师们会专门设计出具有针对性版本，以让APP的视觉表现也与系统相符合。如下图所示，微信APP中的添加朋友界面，因操作系统的不同设计出了不同的视觉表现形式。

扁平且无边界感的设计与苹果IOS7系统UI设计风格吻合

线条体现了界面的边框感与Android系统UI设计风格相符

标题字号较大极简色块风格与系统UI设计相吻合

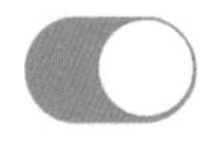

1.2.2 让你的 APP 既美观又实用

APP视觉表现形式会根据操作系统的不同而产生变化，这是我们在制定与对APP进行视觉设计时需要把握及调节的注意事项。

然而尽管如此，对APP的视觉设计而言，有些总的设计原则是不变的，也是大家需要共同遵守与注意的，比如，不论是哪种视觉表现形式，我们都需要确保所设计的界面清晰且具有可识别度，这样用户才能更好地使用APP。

在总原则的基础上，再根据操作系统的不同对APP的视觉UI设计进行相应的调整，让APP能更加融入操作系统的整体环境之中，而对于APP视觉设计而言，又有着哪些总原则呢？下面我们便来进行了解。

APP 视觉设计的设计总则

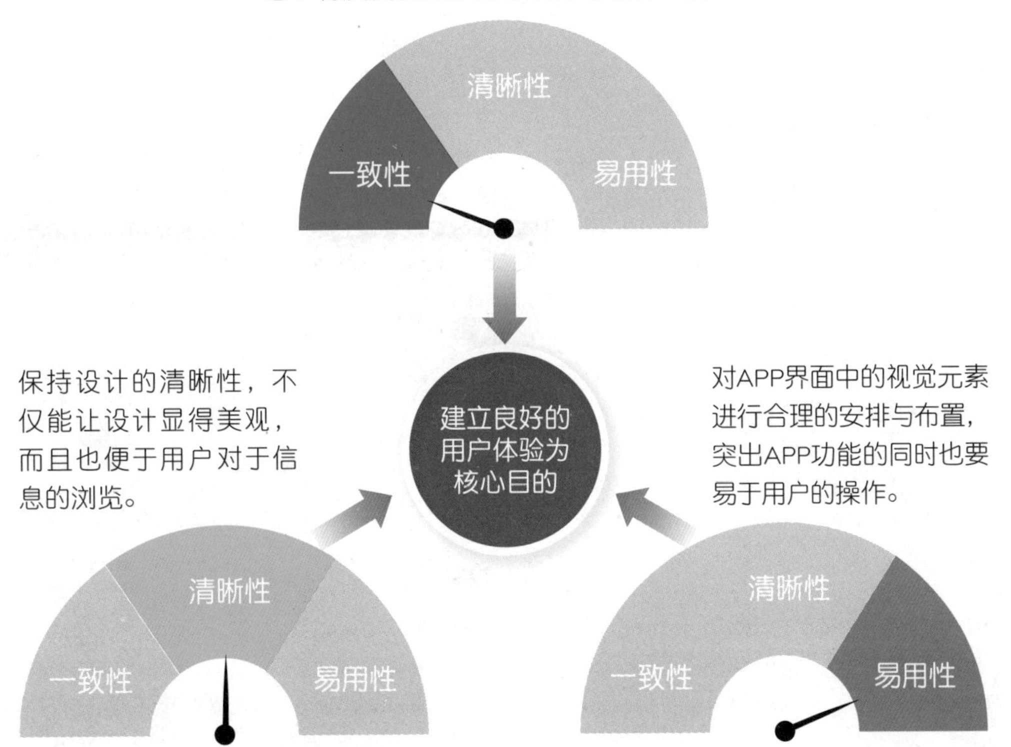

一致性 在APP视觉设计中的表现

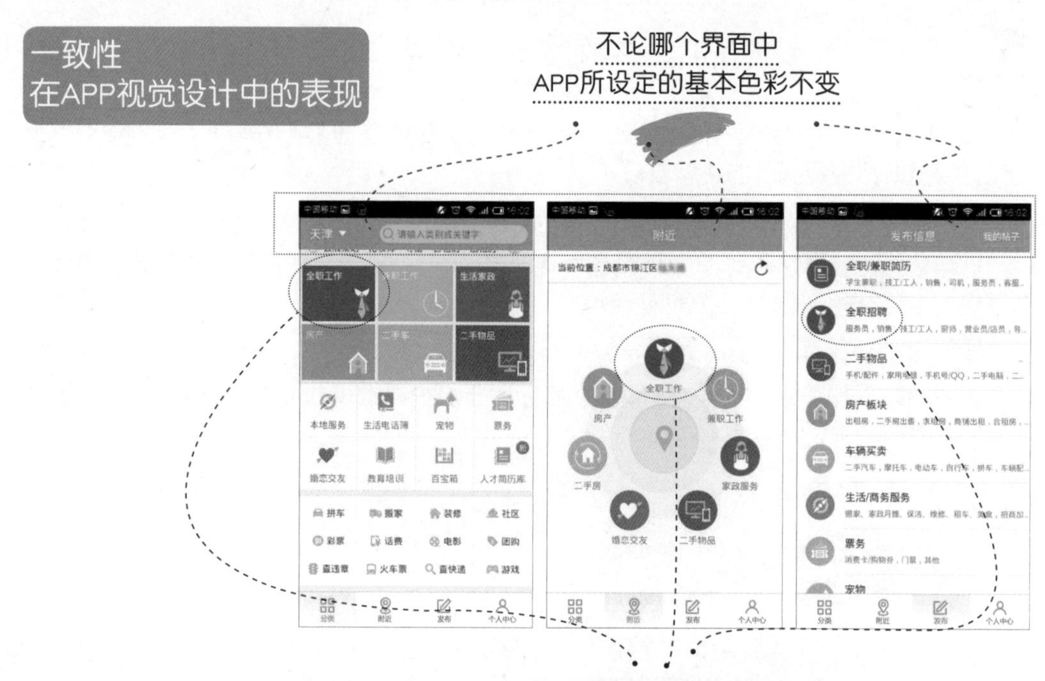

清晰与易用性 在APP视觉设计中的表现

让 APP 拥有美观的“好看”的表现方法

通过前文的描述不难发现，APP视觉设计总则所遵循的目的在于让用户拥有良好的体验。除此之外，一些视觉设计的表现方式也能让APP更加吸引用户关注的同时，给用户带去视觉的美感享受，让APP达到美观的“好看”，同样让用户拥有更好的视觉体验。

美观的“好看”的表现方法，其实是APP在视觉传达过程中的一些设计手段，我们可以主要将其归纳为六种方法，它们能给APP在视觉上呈现出更加丰富的表现提供一些设计思路，而需要注意的是，在执行这些表现方法时，也不能违反了APP视觉设计的总则。

»1. 多色彩

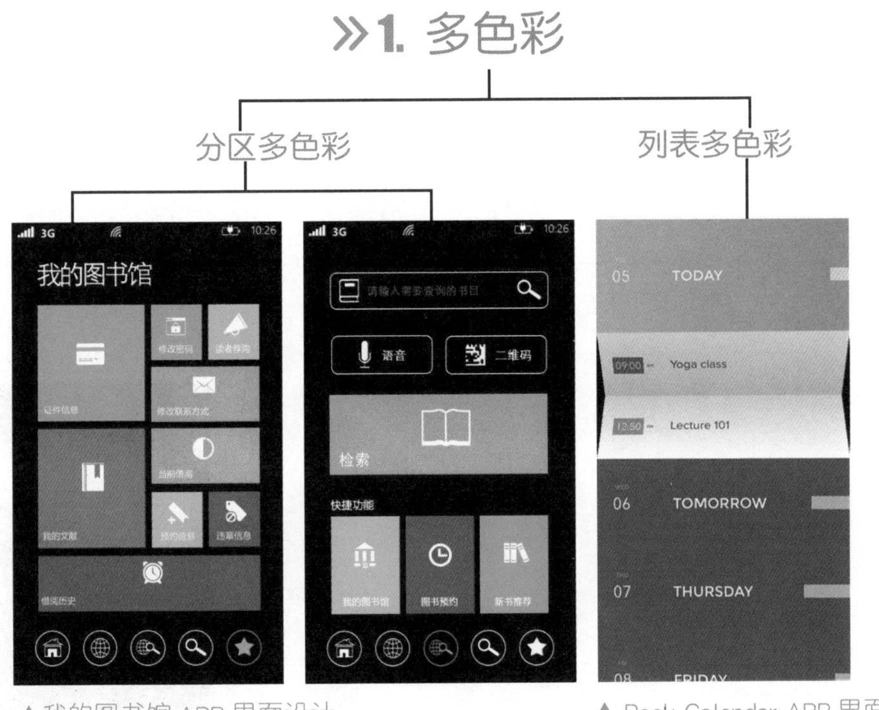

▲我的图书馆 APP 界面设计

▲ Peek Calendar APP 界面

借鉴Windows Phone8系统中纯色与极简的区块化设计，在APP界面的视觉设计中运用鲜亮的多彩色来区分信息，不仅能很好地将信息区别开来，同时也能起到让人眼前一亮的视觉效果。

»2. 信息数据可视化

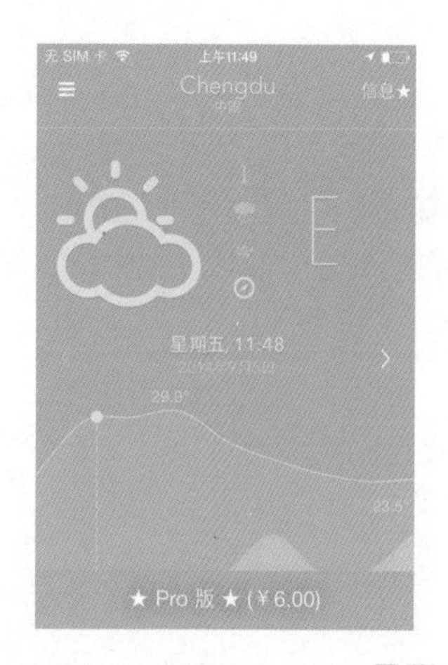

▲ Nice Weather APP 界面

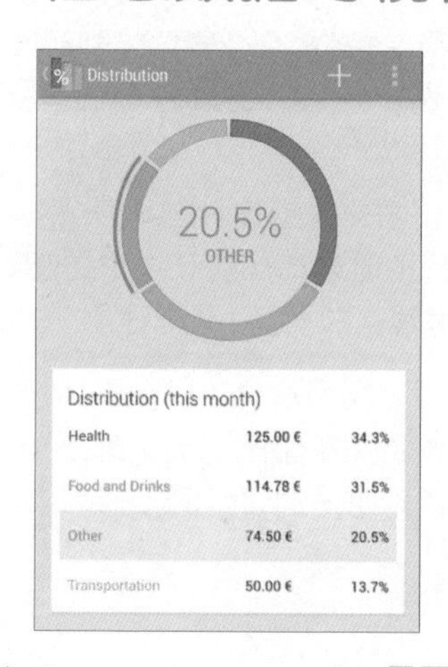

▲ Expense Manager APP 界面

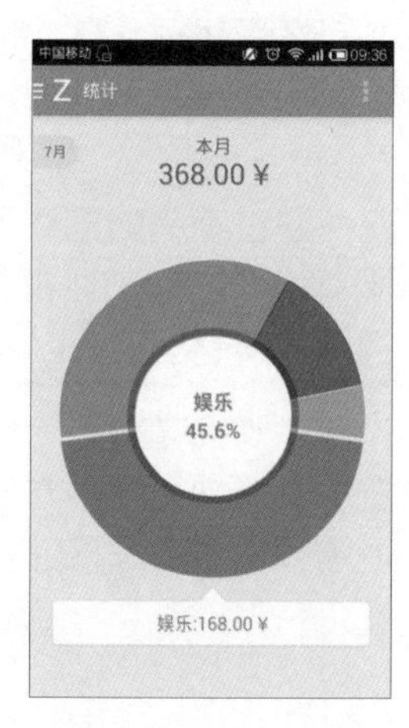

▲爱记账 APP 界面

利用图表的表现形式将信息数据可视化，不仅清晰明了地展示了数据的分布情况，这样的表现形式也带来了一定的美感享受。

»3. 圆形的运用

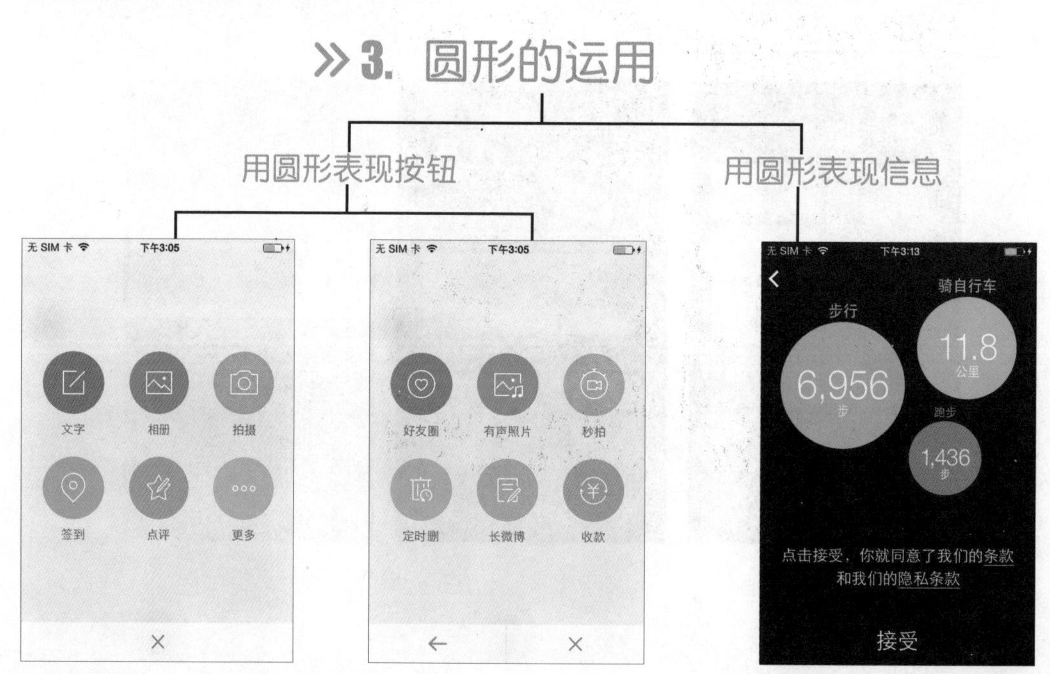

▲新浪微博中的选择按钮界面

▲ Moves APP 中的界面

在充满各种方框的手机屏幕内，增加一些圆润的形状点缀，会立刻增添界面活泼的气息，用户对界面的友好度也会因此增加。

»4. 卡片化设计

▲花瓣 APP 主界面

▲ Shazam APP 界面

卡片化的设计布局，会让界面显得工整且信息区块化明确，当其结合瀑布流浏览方式后，无限滑动的加载方式吸引着用户对界面信息进行不断浏览，强化了无尽浏览的体验感。

»5. 大视野背景

大背景大视野　　　　区块化大背景

▲海报工厂 APP 中的界面

▲柚子相机 APP 中的界面

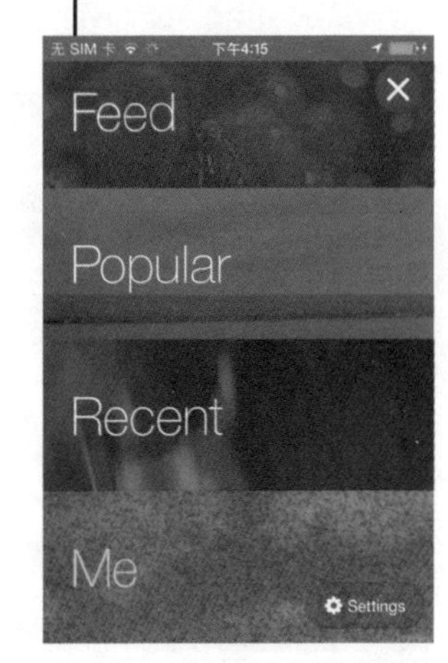

▲ Mindie APP 中的界面

大视野背景具有无边界的敞亮感，这种方式提升了视觉表现力度，同时也能起到丰富APP情感的作用，渲染一种大气开阔的氛围。

6. 主色调的使用

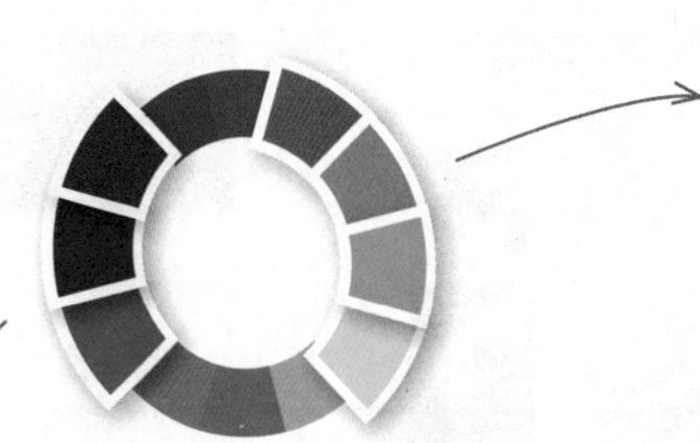

橙色系色彩
象征金钱与财富

因此理财类APP
可采用橙色系色彩作为主色调

▶随手记理财APP界面

蓝紫色系色彩
象征冷静与严谨
与医疗企业理念相符

因此医疗企业APP
可采用蓝紫色系色彩作为主色调

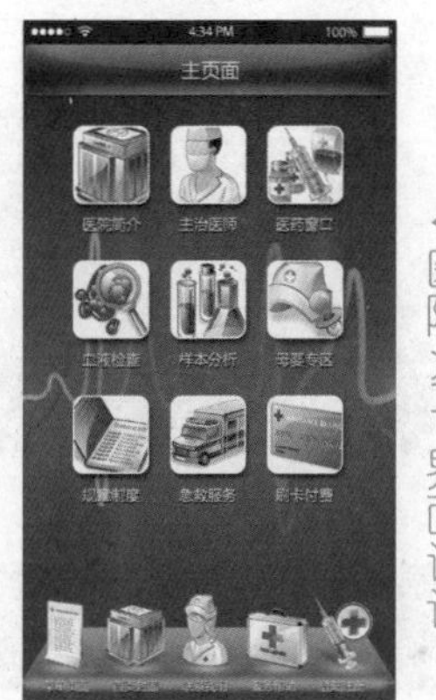

◀医院APP界面设计

给APP选择主色调不仅让APP的设计在视觉上显得统一与一致，减少了过多色彩的干扰，让用户能更加轻松地浏览界面，同时也能在某种程度上凸显APP的设计主题，甚至传递出企业的文化与精神。

●●●●○ PHEI 100%

Chapter 02

迎合用户让 APP 更具魅力

内容摘要

了解 APP 视觉设计流程

了解用户与 APP 视觉设计的关系

设计出让用户喜爱的 APP

滑动解锁

2.1 设计从了解你的用户开始

通过对第一章的学习，相信我们已经对什么是APP的视觉设计有了大致的了解，而在了解的基础上，我们还需要掌握APP视觉设计的流程。

2.1.1 了解 APP 视觉设计的流程

正所谓，磨刀不误砍柴工，对于APP视觉设计流程的了解，能让我们在设计的过程中避免许多不必要的操作，并帮助我们更加流畅与顺利地完成整个APP的视觉设计。

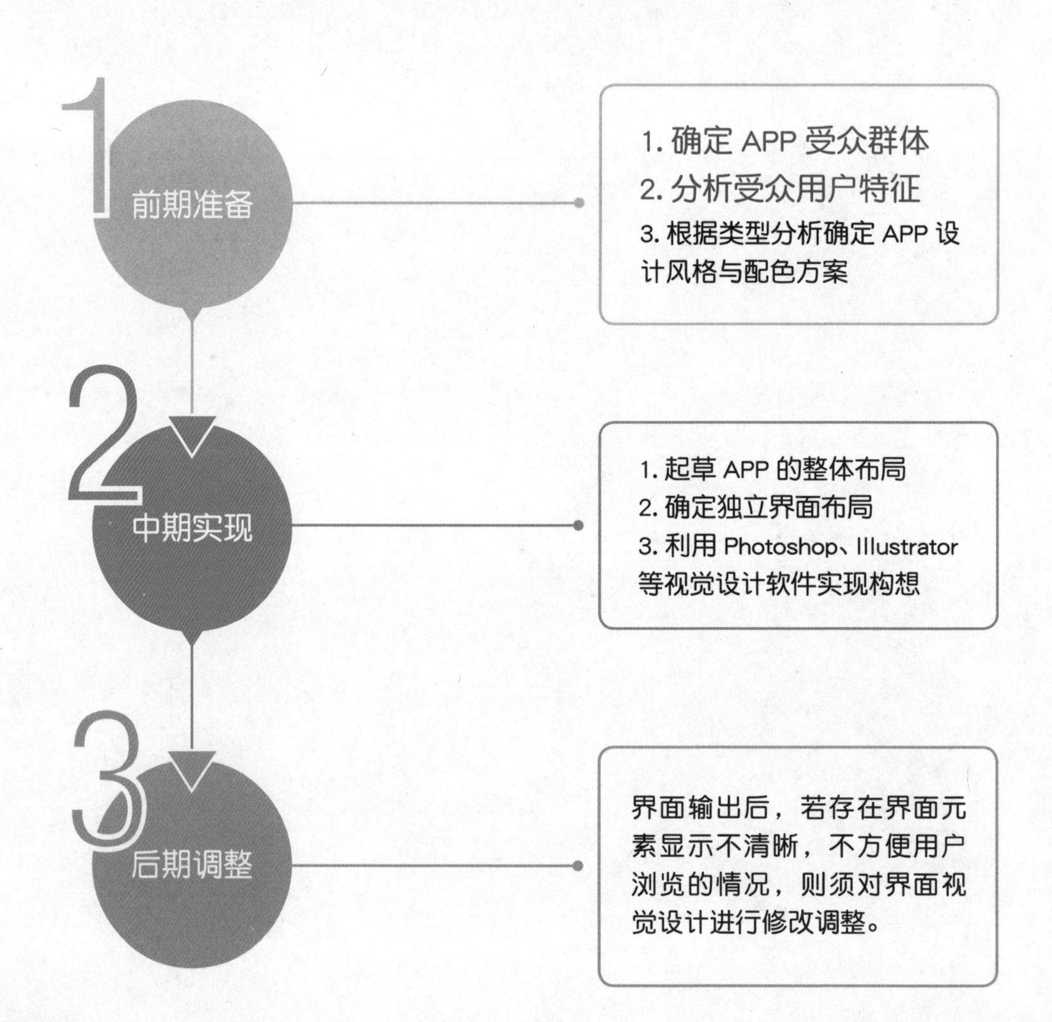

假设我们现在有了一款也要制作的APP，其方向为儿童智力数字学习与游戏，那么在对该产品进行视觉设计时，就会有如下几个步骤。

相关界面布局设定

界面输出后可能遇到这样或那样的问题
如上图所示界面出现了色差

此时便需要进行色彩的调整后
再进行界面的输出

最终形成了
用色鲜艳亮丽
风格活泼可爱的界面

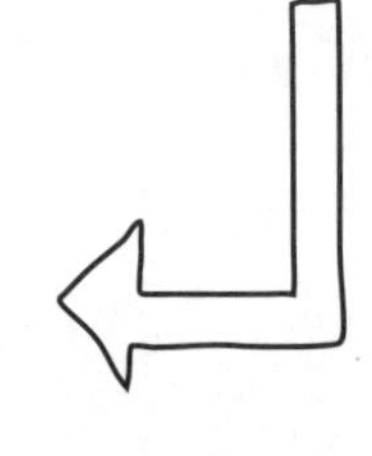

通过上文中APP界面设计的流程不难发现，APP的视觉设计风格其实与用户群体是息息相关的，如下图所示。

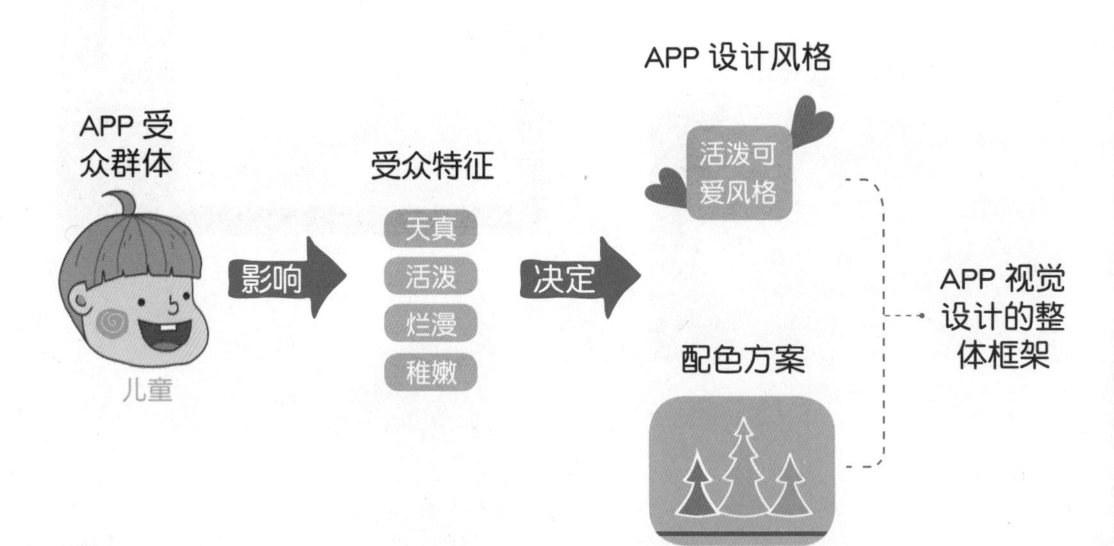

2.1.2 了解用户确定 APP 设计方向

如前文所述，进行APP视觉设计的第一步便是确定APP受众群体并分析受众用户的特征，受众用户及其特征也决定了APP视觉设计的整体框架，因此我们说设计APP需要从了解你的用户开始。

用户不是商品却也可以进行分类

要想了解用户，我们首先可以从用户的不同分类入手，用户就是人，人的特征各式各样，而通过分类能够帮助我们归纳用户群体，且了解到不同分类下用户不同的特征，以为APP视觉设计的设定做好准备工作。

用户特征

风格与配色代表

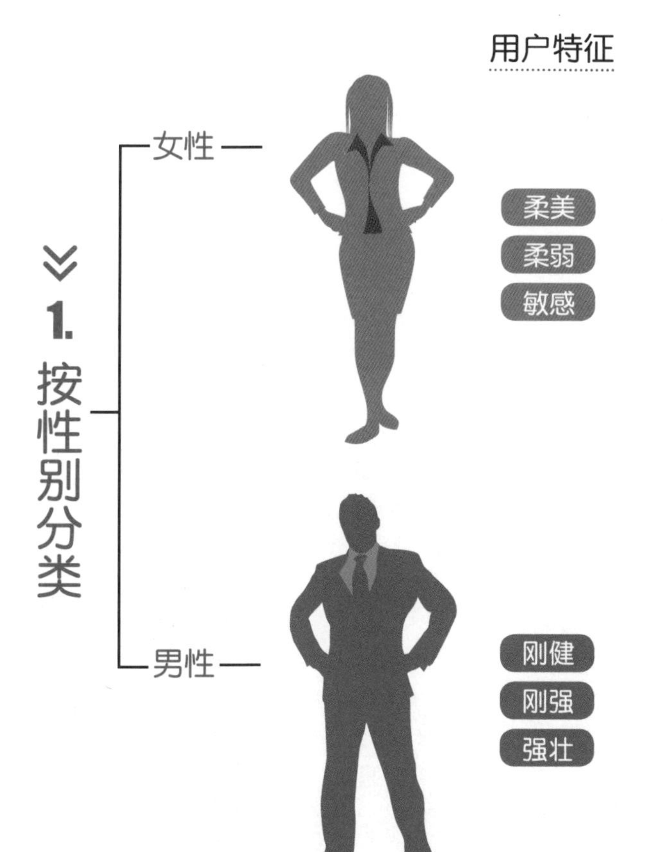

柔美
柔弱
敏感

结合女性特征，甜美柔情风格较能代表女性，而用色则适合选择红、橙等暖色系色彩去表现女性的柔美温暖感。

刚健
刚强
强壮

结合男性特征，健美刚强风格较能代表男性，而用色则适合选择蓝色等冷色系色彩去表现男性的刚健的一面。

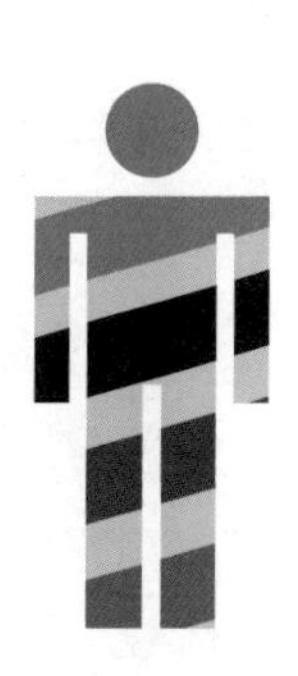

2. 按年龄来分

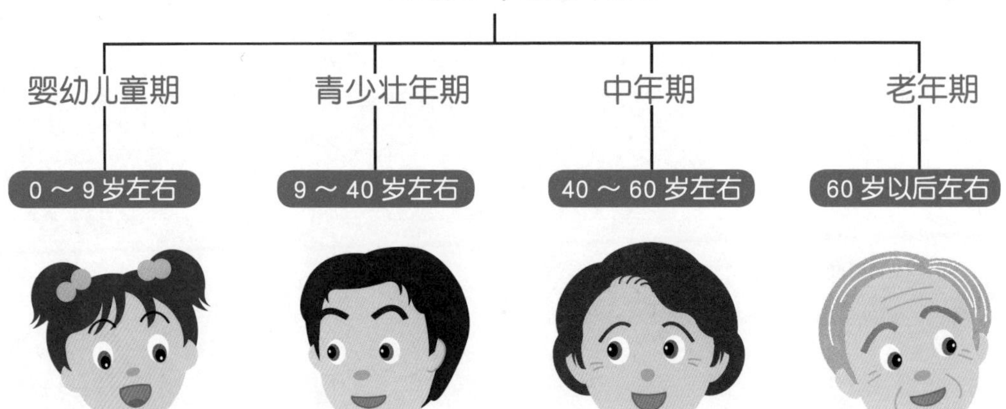

用户特征

婴幼儿童期	青少壮年期	中年期	老年期
可爱	健康	慵懒	沉稳
稚嫩	刚健	稳定	缓慢
天真	活力	和气	睿智

风格与配色代表

结合婴幼儿特征，活泼可爱风格较能代表婴幼儿童，而用色则适合选择纯度与明度较高的色彩去表现婴幼儿童的可爱。

结合青少壮年特征，健康、严肃风格较能代表他们，而用色则适合选择蓝、绿色系等色彩去表现青少壮年的青春活力与笃定。

结合中年人特征，温暖风格较能代表他们，而用色则适合选择纯度稍低、较为淡雅的色彩去表现中年时期安稳的情绪与状态。

结合老年人的特征，怀旧、回忆风格较能代表老人，而用色则适合选择明度与纯度偏低的色彩去表现老人的慈祥与暮年的处境。

» 3. 按职业来分

风格与配色代表

结合商务办公人士特征，规整整齐的风格较能代表这类人群，而用色则适合选择冷色调色彩去表现商务办公人士的严肃与冷静。

结合医疗从业人员特征，健康清新具有治愈感的风格较能代表他们，因此用色也适合选择蓝、绿色系等色彩去表现肃穆与健康感。

结合教师这一职业特征，庄严温馨的风格较能代表他们，用色则适合选择稍暖与庄重且明度适中的色彩，以表现教师的崇高与温暖。

结合厨师的特征，简洁干净的风格较能代表他们，而用色则适合选择白色等有着纯净感或选择橙色能引起食欲的色彩较合适。

针对不同的用户，在进行APP的视觉设计时也会出现不同的设计风格与色彩搭配，而对用户进行分类后，我们可以更加明确不同种类的用户与APP视觉设计之间的关系，比如如前文所述，按职业划分用户时，以“厨师”群体为用户时，设计APP时通常会采用橙、白等色彩，如下图所示，而这些对应关系也为我们在设计特定门类的APP时提供了设计思路与参考。

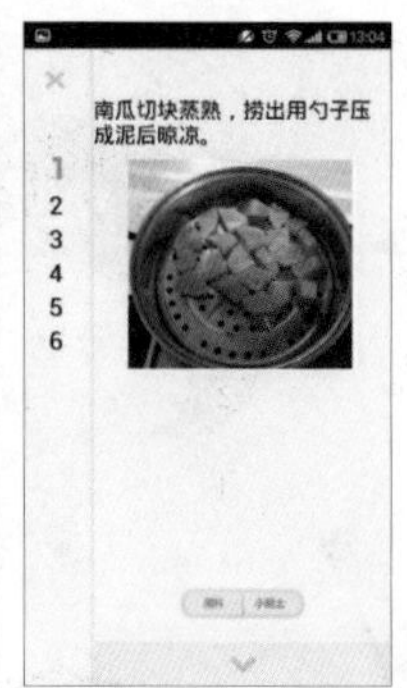

▲ 网上厨房APP界面——以橙、白色为主，显得整洁能引起用户食欲

当然，前文的总结不一定全面，比如职业千千万万，并不只有上述所说的四种，但它们却较为具有代表性，且也分别对应了较为常见的不同功能的APP类型，如下图所示。

商务办公人士

办公类 APP

医疗从业人员

生活医疗类 APP

教师

学习类 APP

厨师

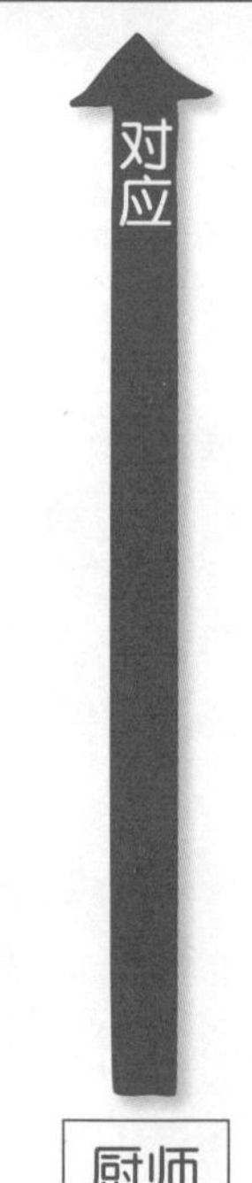

生活美食类 APP

APP 功能分类与用户需求

在进行APP视觉设计之前，对用户进行分类了解是非常有必要的，它能帮助我们把握设计的方向与风格，就如前文所述，针对不同的用户特征便会形成不同设计风格的APP，除此之外，影响APP设计风格的因素还有APP功能的不同。

由于用户需求的不同，如前文所示，商务办公人士之所以会对应于办公类APP是因为他们需要使用这类APP。因此我们说，在对APP进行分类时，还可以根据用户的需求将APP进行更为细化的功能性归纳与分类，如下图所示。

社交类APP

新闻阅读类APP

生活类APP

娱乐休闲类APP

图像处理类APP

学习办公类APP

游戏类APP

大多数游戏类APP的用户群体都较为广泛，可能有年龄层次的划分，但并不局限于某个职业或性别的用户，因此通过功能的划分能让APP的分类更为完善。

用户的特征给了我们APP设计的指引，同样的道理，根据功能来划分的APP也各自有着不同的设计风格与手法。在本书后面的章节中，会以安卓与IOS7系统重点为大家较为详细地讲解不同分类下APP视觉设计的方法，以便读者进行设计的参考获取设计的灵感。

2.2 设计出让用户喜欢的 APP

通过上一章节的讲解，我们可以了解到用户及其分类情况，也可以了解到用户与APP分类以及APP视觉设计之间的关系。在此基础上，所设计出来的APP便会赢得用户的喜欢吗？下面通过对本节的学习来解开这一疑惑。

2.2.1 什么让用户更喜欢你的 APP 设计？

设计出让用户喜欢的APP首先需要了解是什么让用户更喜欢你的APP设计？我们知道，APP的视觉设计服务对象为用户，因此影响视觉设计的关键点也在于用户，结合前文的内容，我们可以将这些关键点归纳为三点：用户特征、用户需求及用户体验。

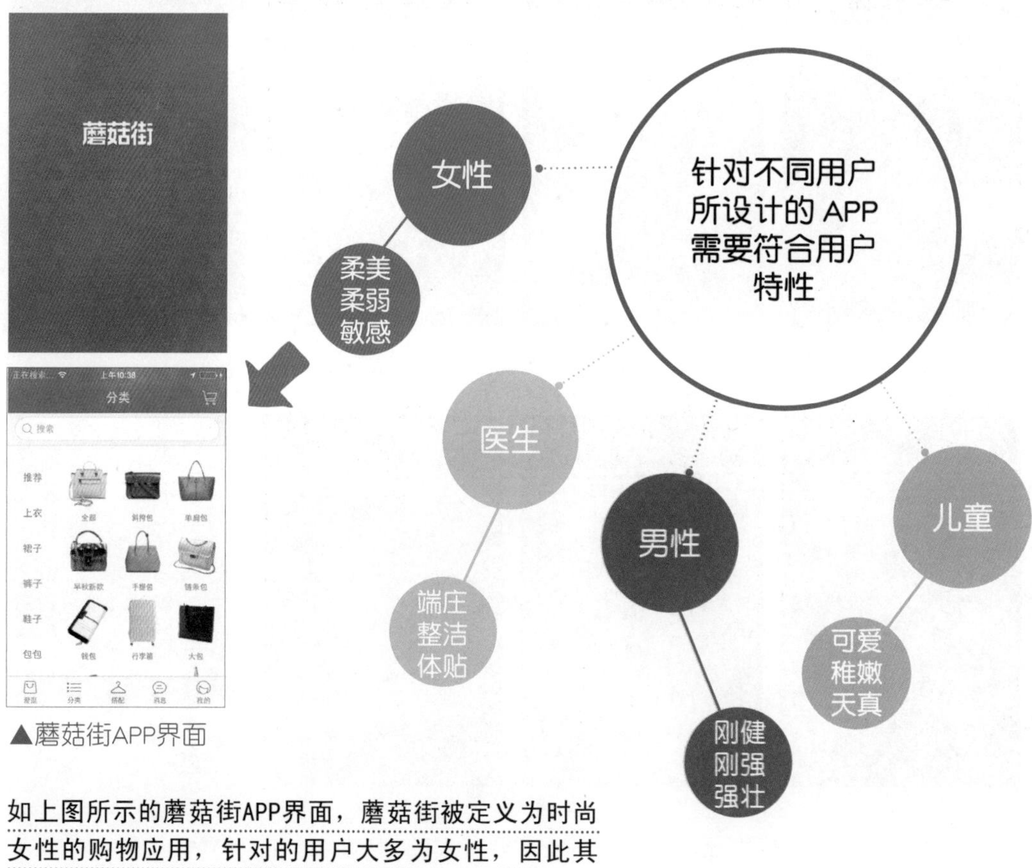

▲蘑菇街APP界面

如上图所示的蘑菇街APP界面，蘑菇街被定义为时尚女性的购物应用，针对的用户大多为女性，因此其界面的视觉设计也采用了符合女性柔美特征的视觉元素——例如桃粉色的使用便具有代表性。

信息可视化
让天气情况更直观

▲Nice Weather界面

针对用户的不同需求设计出具备不同功能的 APP 会让用户觉得更实用

需求
了解天气

功能
天气预报

需求
理财

功能
财务分类

需求
购物

功能
购物渠道

需求
学习做饭

功能
菜谱教程

图表表现
让财务情况一目了然

▲随手记APP界面

明了的商品展示

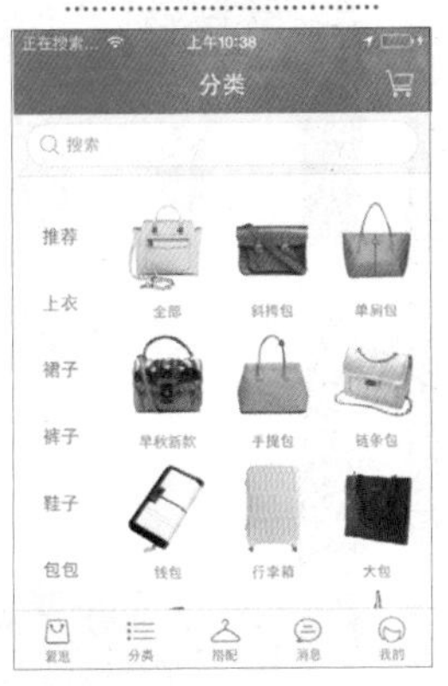

▲蘑菇街APP界面

清晰的步骤说明

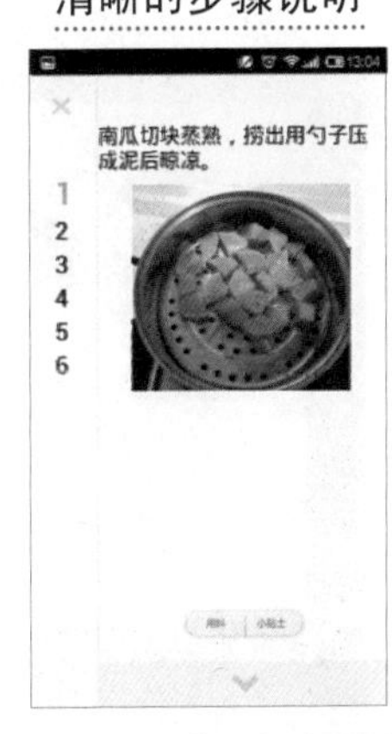

▲网上厨房APP界面

根据用户需求的不同会出现不同功能的APP，而根据功能的不同在APP视觉设计时也可以做出相应的调整或采用不用的表现方式，如上图所示，具体的方法也会在本书后面的章节中进行讲解。

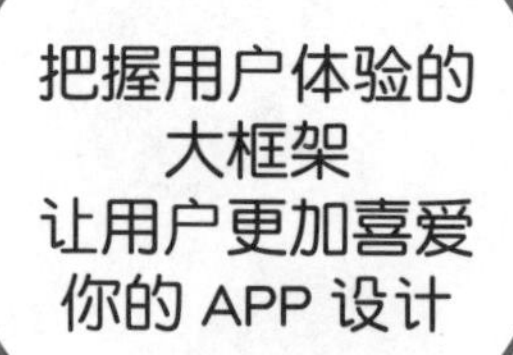

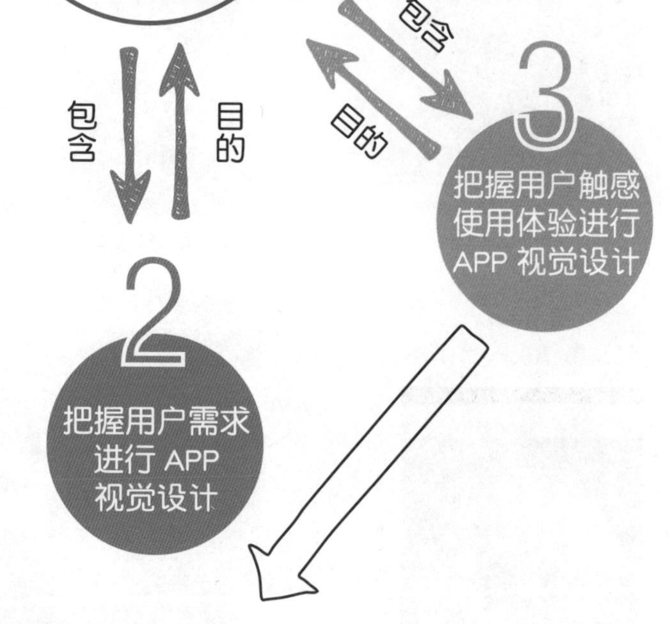

按钮元素设计既属于视觉设计也与触控范围交互设计相关。过小的按钮设计既影响了视觉浏览也不方便用户单击操作。

▲蘑菇街领取奖品界面

第一章已经提到了用户体验，它就像是一个大框架，包含了如上图所示的大致三个方面，而这三个方面的设计目的也是为了让用户获得更好的体验，同时，这三个方面也都与视觉设计息息相关，如左图所示。

总之，把握住用户特征、用户需求以及用户体验这三个关键点，抓住用户，便能让你的APP视觉设计更加讨喜。

2.2.2 细节的锦上添花让 APP 更受用户拥护

从宏观以及APP视觉设计的整体角度而言，把握用户特征、用户需求与用户体验能让我们所设计的APP更受用户喜爱，如下图所示，三者分别从不同的方面影响与决定了APP视觉设计的方向与效果，并左右着用户对于APP的拥护程度。

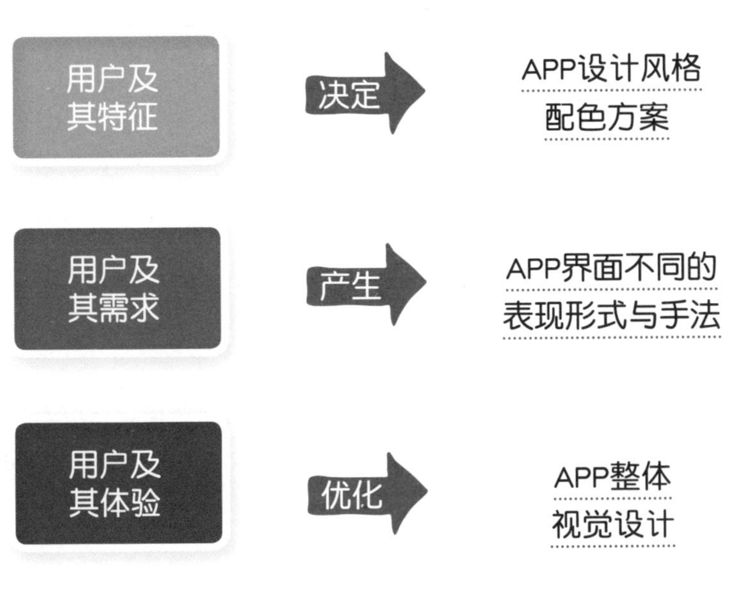

如右图所示，右图为第一章中所提到的APP视觉设计的要点，其中用户体验与APP整体色彩的把握属于上文所描述的APP视觉设计的宏观方面，而图形与文字则属于视觉设计中细节的搭配。

其实除了把握APP视觉设计的宏观全局，也需要从微观出发，注意在整体的基础上调节与搭配好图形与文字这些细节的视觉设计要点，如此一来，它们也能在一定程度上决定用户是否喜爱并追随你所设计的APP。

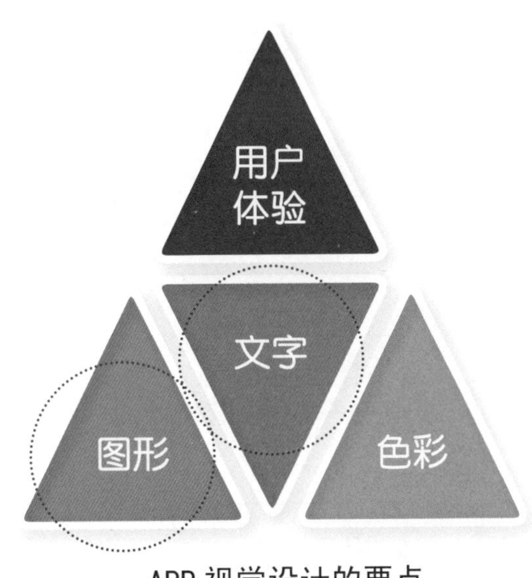

APP 视觉设计的要点

不同字体迎合不同的 APP 视觉设计

在APP中不可避免地会出现文字说明，此时便避免不了对字体的选择，而恰当的字体选择也会让APP的视觉设计更加锦上添花，首先来认识一下什么是字体。

根据地区、国家与民族的不同，人们用以交流的文字符号也不尽相同，对于我国而言，较为常见的文字符号为中文汉字与英文符号，而由于笔画粗细、曲直程度与笔画角度等变化与不同，文字符号也会形成不同的表现方式，这些表现方式便形成了不同的字体。

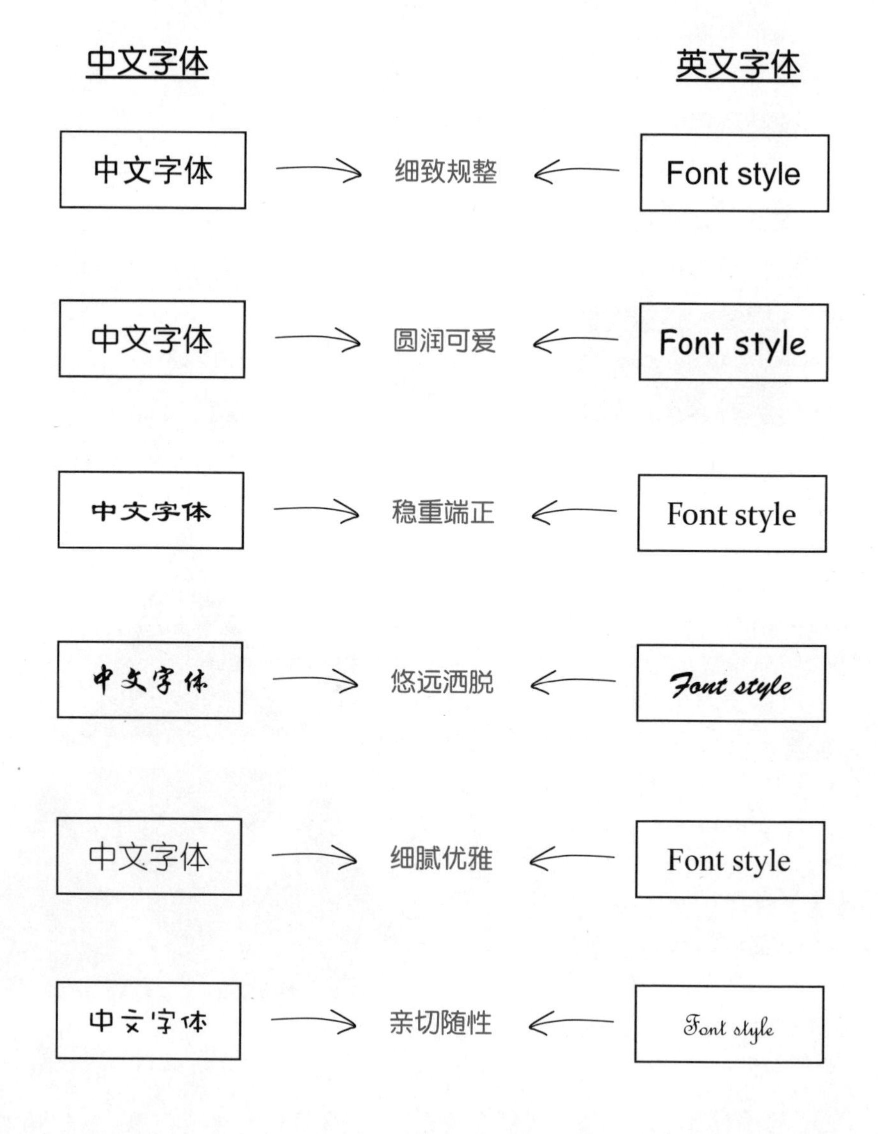

不同的字体拥有不同的情感与表情，比如中文的黑体与英文的Arial字体显得细致规整、中文的幼圆与英文的Comic Sans MS字体则显得圆润可爱……

字体所拥有的这些情感与表情变化，对于APP视觉设计而言，其实也可以对应不同的用户与设计风格，而针对用户以及APP设计风格的不同，适当地在APP中添加符合用户气质与APP整体风格的字体，这一细节的把握能让APP的视觉设计更加锦上添花。

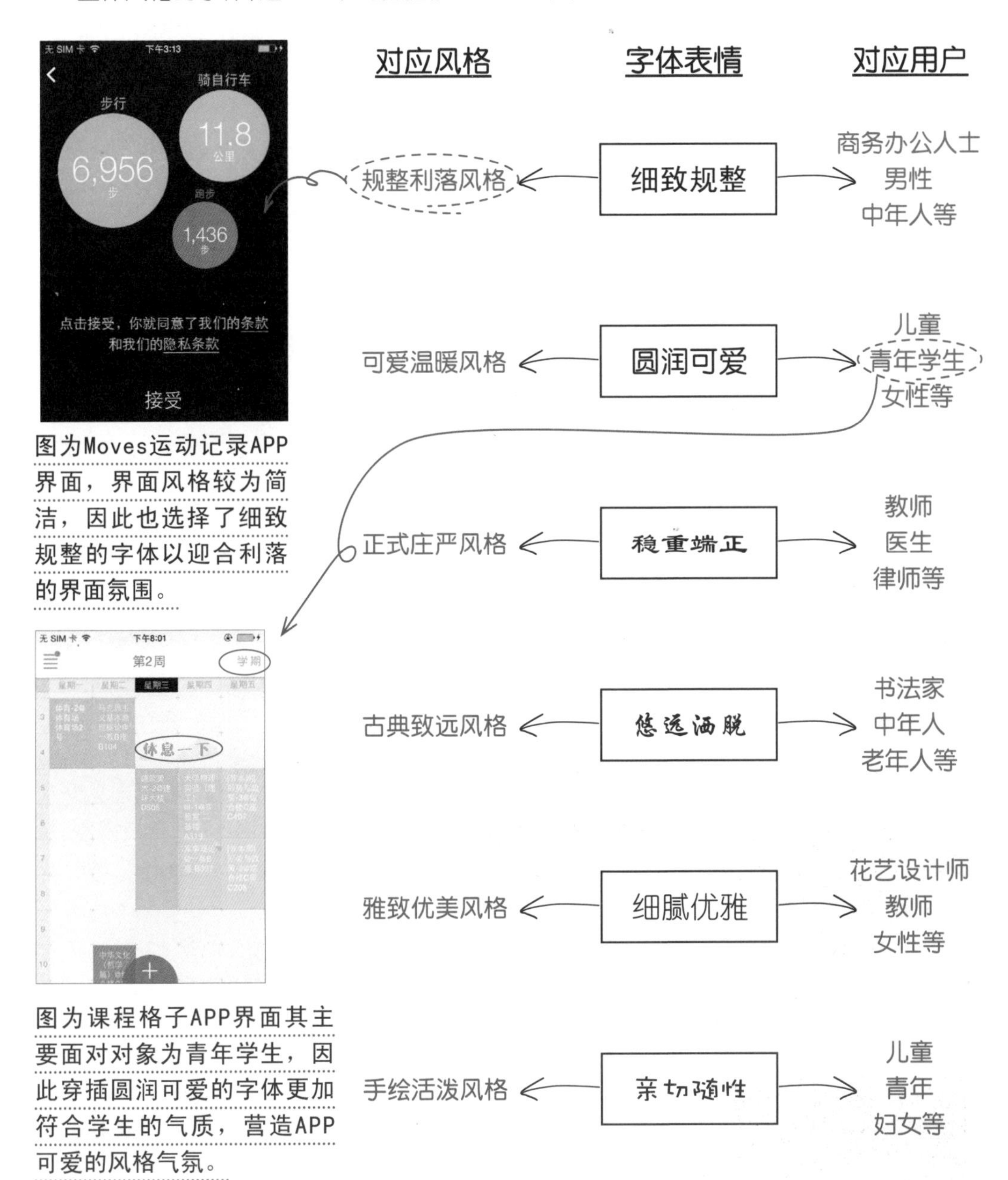

图为Moves运动记录APP界面，界面风格较为简洁，因此也选择了细致规整的字体以迎合利落的界面氛围。

图为课程格子APP界面其主要面对对象为青年学生，因此穿插圆润可爱的字体更加符合学生的气质，营造APP可爱的风格气氛。

图形同样也有表情

图形种类繁多，而在APP中运用的最多的应该为抽象几何图形——线条、长方形、圆角矩形、圆形等，这些抽象几何图形通常作为界面中的按钮出现，又或是经常被运用在界面的导航栏、按钮栏的背景框中，它们在具备功能性的同时，它们不同的表情也对界面起到了不同的装饰作用。

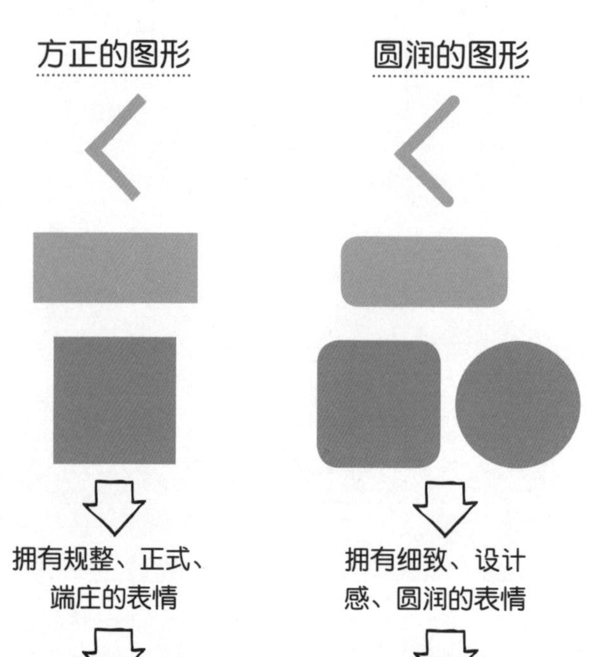

适用于精致端庄的界面

适用于可爱活泼的界面

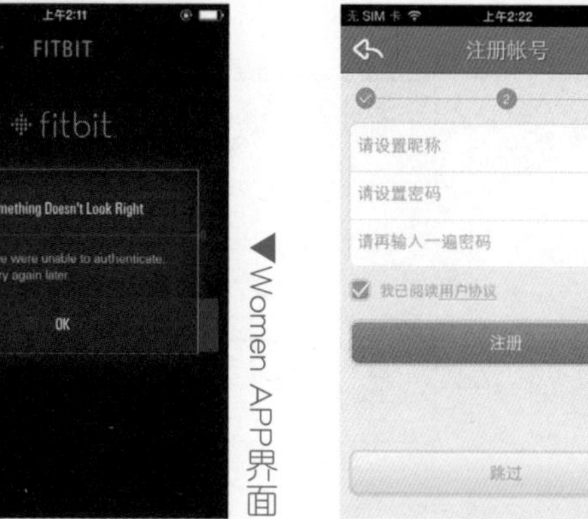

◀Women APP界面

◀大姨吗APP界面

在APP的视觉设计中经常使用的图形我们可以将其归纳为方正与圆润两种类型，它们分别拥有不同的表情。

也因如此，在APP的视觉设计中，它们也有着不同的适用方向，如左下图所示，当然这样的适用方向并不是绝对的，很多时候可以根据实际设计情况而进行调节与搭配使用。

如本节所述，文字与图形也是有表情的，而作为APP视觉设计师而言，感受它们所带来的情感变化，在进行APP视觉设计的过程中，恰当地把握并在界面中运用这种情感，细节的调整终究会让你的APP更加出色。

就如同史蒂夫·乔布斯所说："要做一个质量标杆，有些人还不习惯面对一个卓越的环境。"这句话便告诫我们：高品质需要我们高标准严格要求自己，并把注意力集中在那些将会改变一切的细节上。

Chapter 03

社交类 APP

内容摘要

- 微信
- 碰碰
- 红娘交友
- 微密

滑动解锁

玩转社交类 APP

Cancel OK

社交是人类作为社会性群体的基本属性，从人类诞生起，人类的社交活动便从来不曾停止过，社交活动在不断重复与强化中逐渐形成了语言、文字、艺术等活动的载体与产物。

时光辗转，如今我们已经进入到了移动互联网的信息时代，顺应时代的变迁，社交活动多了一种承载方式，那便是在移动设备上所使用的社交类APP。

信息时代常见的 10 种沟通方式

上页中的图表其实也体现了两种不同的社交方式：一种为直接沟通方式，另一种则为间接沟通方式。这两种沟通方式也变成了两种设计思路被应用到了移动设备上的社交类APP之中，而根据沟通方式的不同与之相对应的便形成了不同的视觉设计方式。

直接沟通方式

直接沟通方式类似于面对面地交谈，其呈现方式都为对话的交流形式，只不过这一交谈方式被嫁接在了移动设备与具备沟通对话功能的APP之上。

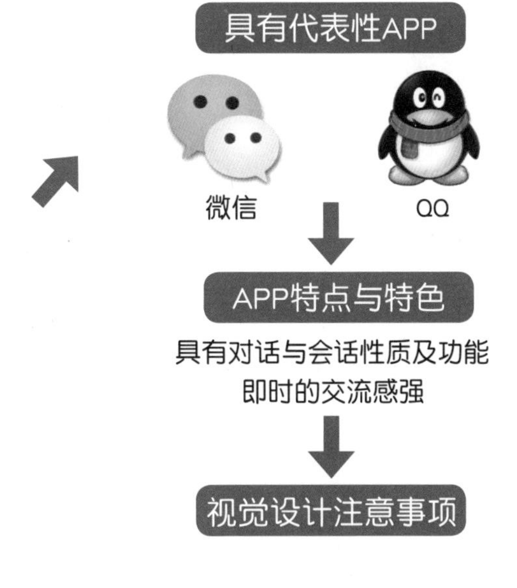

除了APP以外，移动设备上自带的短信功能也属于直接沟通方式，它们都具备对话与交流的形式感，因此就视觉设计而言也需要将这种对话层次表现得更加直接，以便让用户能够切身地体会到社交的乐趣与交流的通畅感。

有时添加具有情景感的小图形或不同形式的会话气泡也能让会话变得更加有趣与生动。

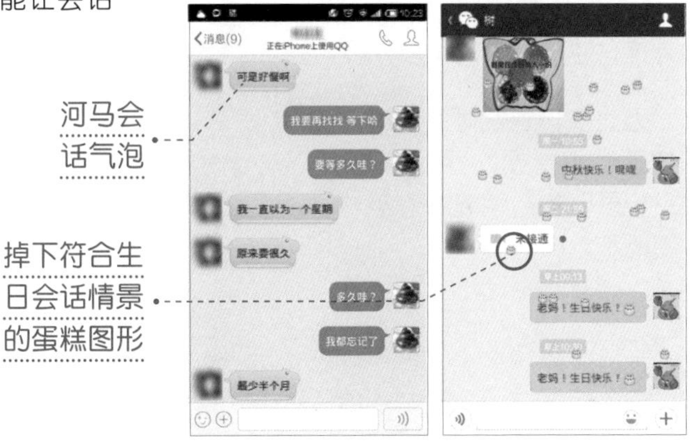

阶梯式表现是常用的对话交流视觉表现形式
直接而具有交流感

间接沟通方式

间接沟通方式通常是指，通过移动设备与APP的平台，将用户自身状态、心情等发布后，社交对象再通过浏览后进行反馈留言的这样一种沟通方式。

相比之下，这样的沟通方式，减弱了社交对象间直接的交流感。

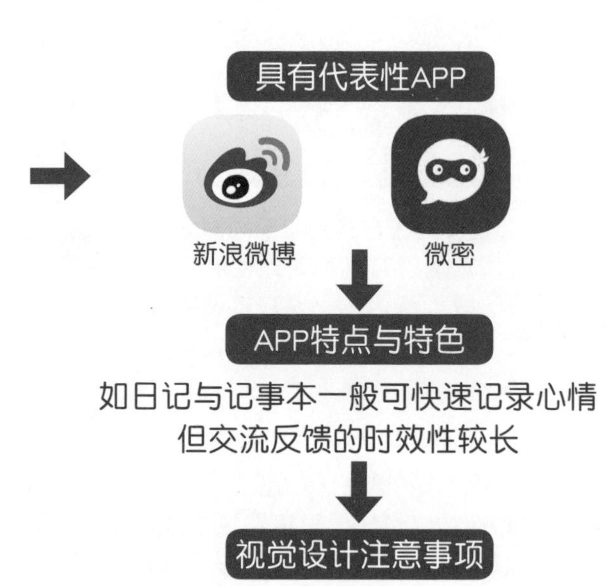

间接沟通方式主要以记录→展示→反馈这三个步骤出现，其APP的玩法与直接沟通方式不同，少了直接交流的会话感，重在表现与展示记录者的心情。

因此在设计此类APP时，可以注意利用合理的界面布局去展示记录者的心情或状态等，如右图所示。

微博心情展示界面

微密心情展示界面

综上所述，社交类APP根据特点、功能与玩法的不同大致可以分为直接与间接两种类别，这两类方式也因特点的不同而各自拥有不同的视觉设计手段，这些手段是我们在设计社交类APP时需要注意把握视觉设计的大方向与设计需要特点。除此之外，根据社交类APP设计风格等的不同，还会存在许多设计的方法，下面通过后文的解析来进行具体了解。

微信是一款能快速发送文字、照片的手机聊天软件，并且该款APP还提供了朋友圈、公众平台、摇一摇等功能。这是一款囊括了大量信息的社交类软件（例如，用户与用户之间的私密对话信息、通讯录内的好友信息、朋友圈里好友们所发布的各种信息及评论互动信息等）因此，在该款软件的视觉设计中，如何让这些信息和谐共处在同一界面中且得到明确区分，是设计者需要思考的一个关键性问题。简单来说，就是让大量信息得到合理编排，不会让用户感到混乱，从而保证用户的沟通与阅览更加流畅、便捷。

1. 合理留白，减少界面视觉压力

当一个界面中，出现了大量的视觉元素以后，如果处理不当，极易让界面显得十分混乱，在这种情况下，如果你没有更好的办法，不妨试着对界面做出留白处理吧。如下图所示，在微信APP的主界面中，设计者便将背景做出了留白处理，从而在一定程度上减少了界面的视觉压力，让界面中的信息元素拥有了更加明晰的视觉效果，方便用户查阅。

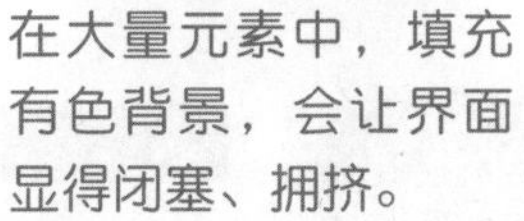

在大量元素中，填充有色背景，会让界面显得闭塞、拥挤。

在大量元素中，将背景填充为白色，可让界面显得更加舒畅。

2. 合理的间隔控制与间隔线的添加

在对同一界面内不同组别的信息进行编排时，微信APP的视觉设计师就重点放在了每组信息间的间隔控制与间隔线的添加上，其目的是以这样的方式来让每一组信息均得到明确区分，让用户的阅览更加便捷。

微信中的通信录是按照好友昵称的首字大写字母进行分组排列的，而在该界面的编排中，设计者让每一组信息间（一级信息）均保持了均等的间隔，与此同时，每组信息下的每个用户信息（二级信息）间，同样保持了均等的间隔，只不过相较于分组信息的间隔距离，用户间的间隔更小。

间隔的预留让信息得到了区分，而不同间隔的设定，则让信息的层级关系更加明确。

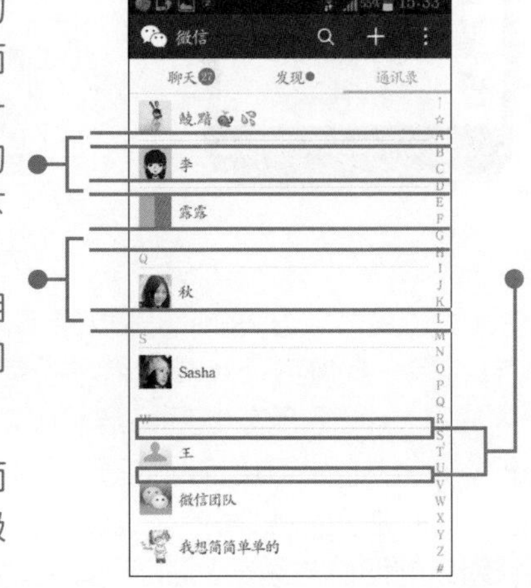

在预留的间距间，添加简约的灰色间隔线，同样能起到理清信息关系的作用，如左图所示的微信界面，设计者还通过粗细不同的间隔线，来区分一级信息与二级信息的主次关系。

3. 左右混排与色彩差异，让信息组得到区分

在微信APP的对话界面中，为了方便用户快速区分对话双方（自己与朋友）的信息内容，设计者通过了以下两种方式，让信息组得到区分，从而保证整个沟通流程的流畅度。

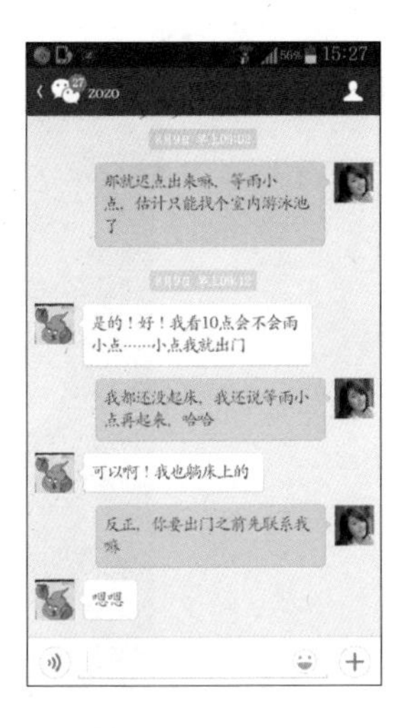

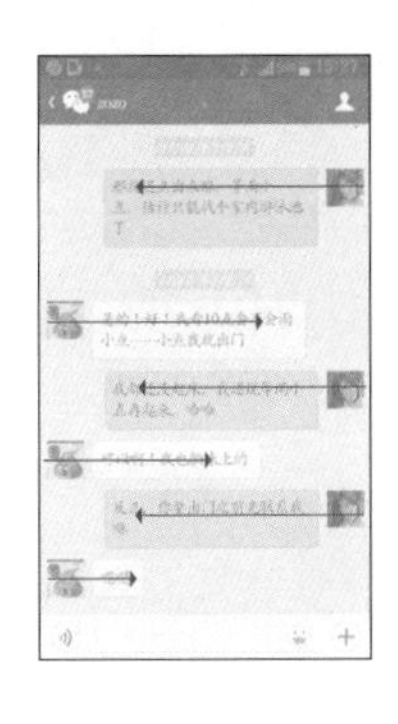

左右混排

将对话双方的头像与对话框分置在界面的左右两侧，从而让两方对话信息得到明确区分。

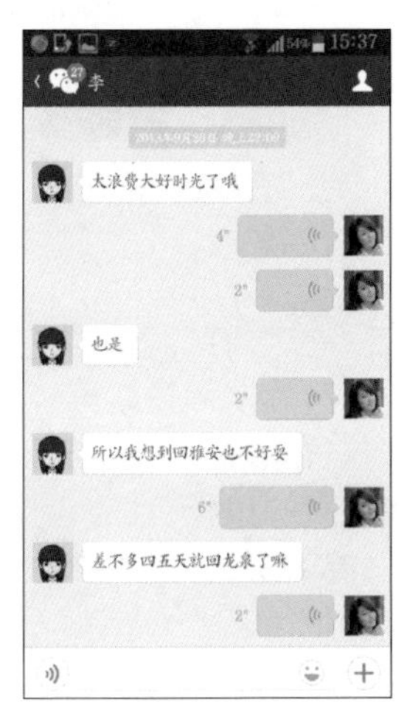

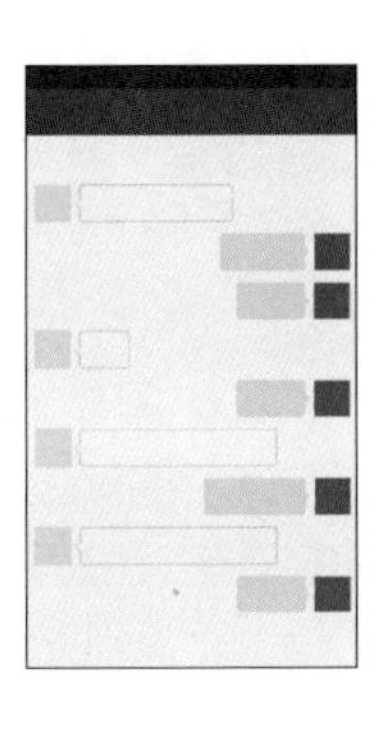

色彩差异

将对话双方的对话框，填充为两种截然不同的颜色，从而帮助用户区分信息。

综上所述，本款APP的设计者在对界面中的不同信息进行区分与整理时，用到了多种编排技巧，使得整个界面显得井井有条。

简单来说，设计者首先以留白处理，来减轻界面的视觉压力，而后通过合理的间距控制、间隔线的运用，以及左右混排等方式来达到区分信息的目的。

Cancel Twitter Post

生动的表现让交友更有趣

——碰碰

118

Account @gt

Location None

碰碰是一款将游戏与社交完美结合的APP应用软件，它不仅能帮助用户拓宽社交网，还能让用户边游戏边聊天，从而结识更多的志同道合的朋友。对于这样一款APP来说，不论是促进用户间的交往，还是对游戏氛围的烘托，都应该保证APP界面具备生动的表现力。好了，接下来就和我一同去看看碰碰的设计者是怎样做到这一点的吧！

》1. 简单图形化的生动表达

图形化处理在现今的APP界面设计中，运用的越来越广泛，例如在如下图所示的碰碰界面中，设计者便根据每个图标所对应的功能含义，将图标设计成造型简洁的图形化效果，从而为整个界面带来一份独特而生动的表现力。

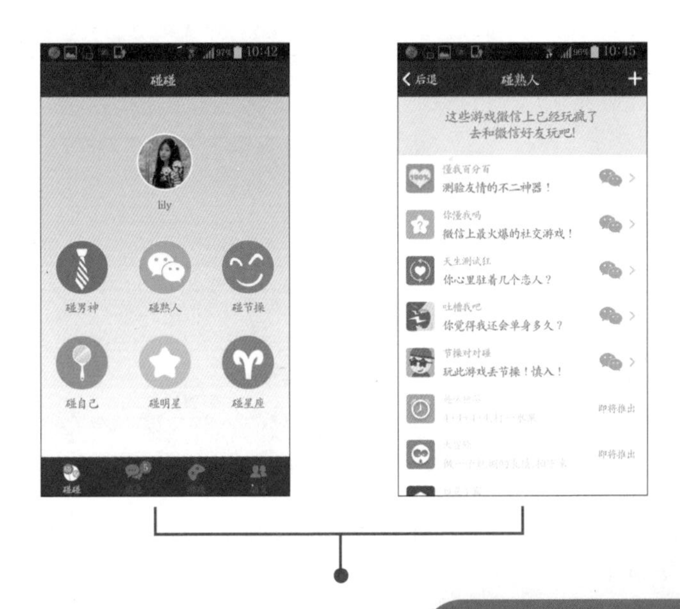

碰男神

领带这一物象在我们的印象中，往往代表着绅士、高格调等优质的男性意象，因此，设计者便选择了简化的领带图形来表示“男神”这一形象。

碰熟人

在前面我们已经介绍了，微信是一款用于用户及时交流的软件，而碰熟人这一功能便是建立在微信的朋友关系上的，因此，设计者便选择了微信APP的图形图标来表示“熟人”这一关系。

碰自己

在碰自己这一图标的表现上，设计者处理得十分巧妙。镜子，能让照镜者从镜面中看见另一个自己，因此，设计者特意选择了一款造型简洁的镜子图形，来暗示出“碰自己”这一理念。

天生测试狂

在本图标的图形化设计中，设计者首先以爱心图形来暗示出“心理测试”这一基本含义，而后结合循环的箭头图形，来表现出不间断的心理测试这样一种概念，而这也符合“天生测试狂”的特质。

注意注意！界面中经过图形化处理的图标太多了，在这里我们便不再一一讲解！

2. 圆形剪裁带来的生动感

在社交类软件中，用户头像是一个重要的构成元素，它往往左右着人们对该用户的第一印象，一般来说，大多数社交APP会将用户头像裁剪成中规中矩的正方形，但在碰碰APP软件中，设计者将用户上传的头像图片裁剪成了圆形，从而为整个界面带来了一份别样的生动感。

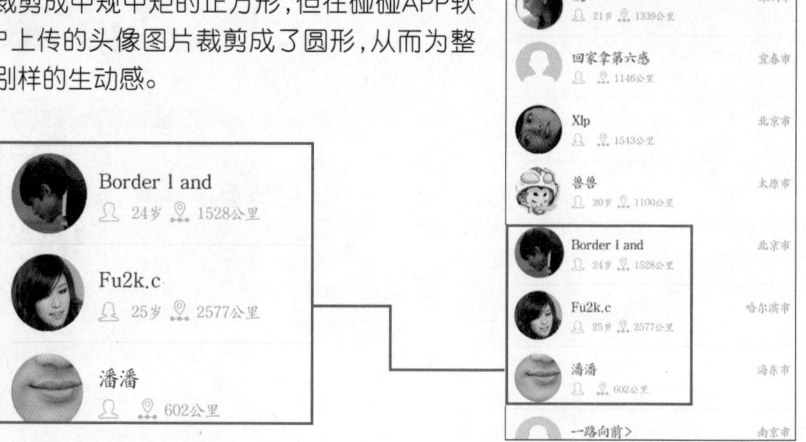

相较而言，是不是经过圆形剪裁后的头像照片看上去更加生动呢？

3. 卡通元素带来的趣味与活力

在碰碰APP的许多界面中，设计者用到了大量的卡通元素来美化界面，而这些卡通元素，也以其独有的特质，为整个界面带来了充足的趣味与活力，让用户在操作软件时，从内心感到十分愉悦。

4. C形曲线的流程编排

如下图所示为碰碰APP中“身边的人”这一项功能中的两种界面，该功能是帮助用户寻找距离自己较近的用户。在其界面设计中，设计者按照C形曲线流程的形式对界面中的用户头像进行编排，从视觉上便赋予了界面一种流动感，从而为整个APP带来更为生动的视觉表现力。

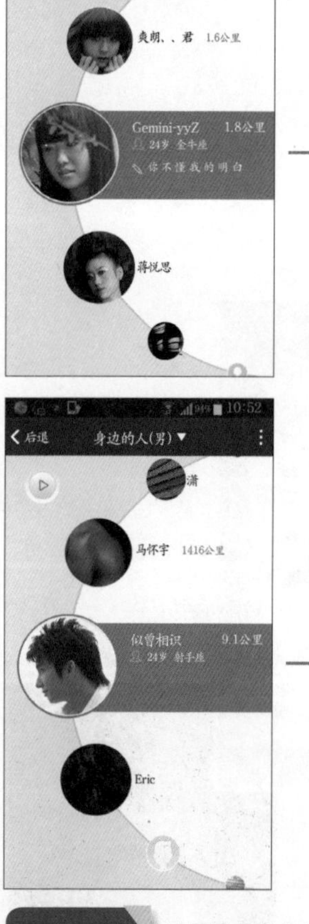

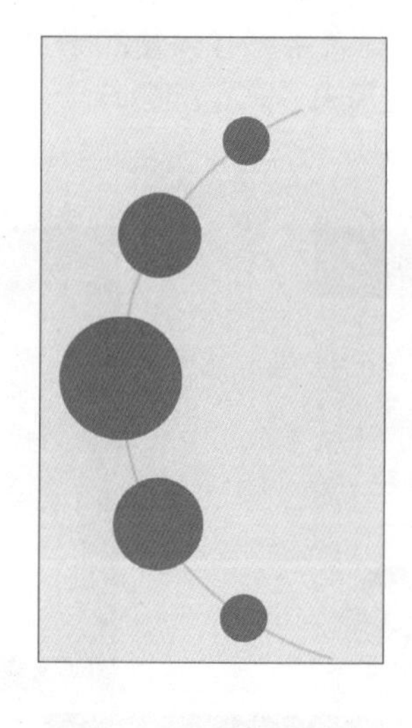

所谓C形曲线流程，其实就是将版面中的视觉要素按照曲线“C”的形状进行排列，从而带来一种饱满、灵动，但不失简约感的视觉效果。

APP特色»

综上所述，可以看出，设计者为了让碰碰APP的界面显现出较强的生动性，其特意试着从多个角度着手设计，其中最具代表性的设计手法有简单的图形化表达、将用户的头像裁剪成圆形、运用卡通元素来增添趣味，以及灵动的C形版面流程的编排，从整体的设计效果上来看，软件界面视觉设计基本达到了预期中的效果。

红娘交友是由婚恋服务型网站红娘网所研发的手机客户端，从其命名上我们就可以看出，这是一款为用户牵线搭桥、促成姻缘的APP软件。而对于红娘交友这种类型的社交APP来说，浪漫与温情氛围的营造，应当是其界面视觉设计的一大要点，接下来，就请随我一同去看看，红娘交友的设计师是怎样做到这一点的吧！

»1. “爱心”元素的含义表达

在许多以爱情为主题的设计作品中，许多设计者会用到爱心符号来传递有关于爱的情感，例如，在如下图所示的红娘交友APP界面中，设计者便以爱心符号作为创意载体，设计出了多款“爱心”元素来烘托出一种以爱为名的浪漫氛围。

图形符号是一种形态简约的图形元素，在该类元素中，存在着一种特殊的图形符号类别，其特殊之处在于该类符号往往蕴含着某些约定俗成的含义，而爱心符号便是其中的一种。

爱心符号——代表爱情、浪漫、真诚、美好……

红娘交友的设计师以爱心符号作为创意载体，设计出了多款“爱心”元素，来表现浪漫的爱情主题。

注意注意！其他界面也用到了不同造型的“爱心”元素，在这里，我们便不再一一列举了哦！

2. 通过配色制造浪漫与温情氛围

在众多色彩中，红色与紫色应当是最具爱情特质的两种色系，但这两种色彩在爱情的表达上其实也存在着一定差异，例如，红色适合用来表现爱情的炽热、美好与幸福等不同的浪漫氛围（不同的红色所承载的情感变化可用于表现爱情在不同时期的氛围），而紫色更适合用来表现爱情中的一些动人、忧伤等相对沉静的浪漫情怀（这种颜色的情感更贴近爱情中、后期的氛围）。如下图所示，设计者在对红娘交友的界面制定基本的配色方案时，便选择了多种红系色彩来渲染一种相对浓烈的浪漫爱情氛围，在此基础上，设计者还通过柔和的淡黄色运用，来表现恋人间的温情，以及恋爱初期的羞涩。

APP特色》 综上所述，我们可以看出，该款APP的视觉设计师主要通过“爱心”元素的运用与配色效果来渲染与爱情主题契合的浪漫、温情氛围，而该种氛围的营造是为了对用户在寻觅姻缘时，能起到推波助澜的效果。

微密是现今十分火爆的一款手机社交匿名软件，在该款APP中每秒钟都有大量的秘密诞生，用户可以无负担、无压力地释放自己，也可以聆听陌生人述说出的秘密，并发表自己的意见！对于这样一款注重隐私的社交软件来说，心理上的私密空间塑造应当是该款软件的设计重点，除此之外，软件还可在一定程度上帮助用户更好地抒发自身的心情，简单来说，就是将用户想说的话以更加生动的形式呈现出来，让用户内心得到更加全面的释放。

1. 紫色系与白色的私密氛围

在微密APP的视觉设计中，为了给用户筑造出一个能够释放自我的私密空间，设计者通过分析各种色彩的意象情感，最终挑选出了紫色系与白色来作为整个界面的配色基调。如图所示为微密界面的配色效果，以及两种主色的意象分析。

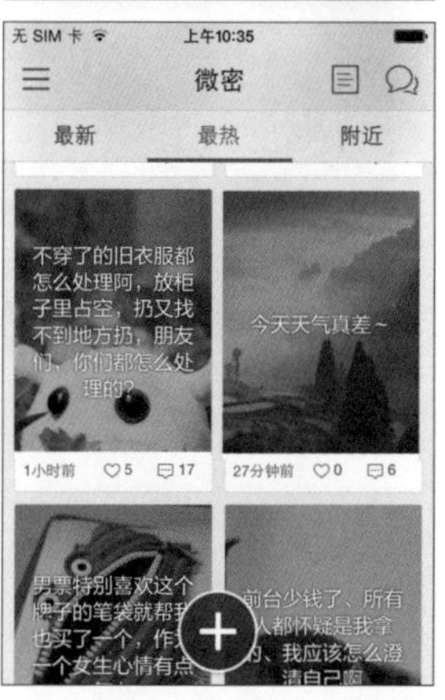

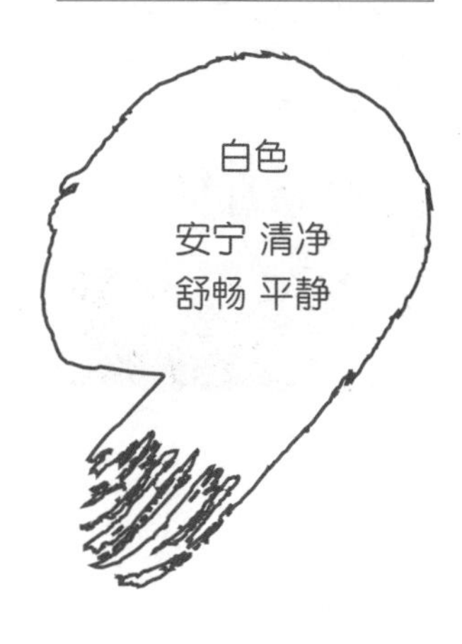

注意注意！前面给出的意象分析主要是围绕着微密界面的氛围营造所展开的，因此并不是说这两种主色仅仅具有这些意象情感哦！

2. 图片的添加，让文字更加生动

在微密APP中，存在着一个十分特殊的功能——智能配图，当用户在发布信息时，软件会根据信息内容来为该条信息进行自动配图，并且用户还可对所配底图进行智能换图。从视觉设计的角度上来说，该功能其实就是图文结合的一种体现，以图片来展现文字内涵，从而让单调的文字变得更加生动，并且还能在一定程度上帮助用户抒发自身的情感！

从本页面给出的微密界面中我们便可以看出，每一个背景图都与文字信息“明天就要回家了，好开心！”的意境相符合。

火车与骑车的女孩——回家。

明亮的色调——开心。

单击“换图”按钮就能智能换肤哦！

APP特色》

综上所述，我们可以看出，设计者主要是通过紫色与白色的配合来构建出一个私密的社交空间，让用户从心理上感到安心，除此之外，还通过图片与文字的配色（智能配图），来帮助用户更加生动地诉说秘密与心事。

Chapter 04

新闻阅读类 APP

内容摘要

- 央视新闻
- 360 新闻
- 百阅
- 优家画报

滑动解锁

玩转新闻阅读类 APP

Cancel　OK

新闻阅读类APP是指新闻类APP与电子阅读类APP的总称，这两类APP有着一个共同的特点，那便是拥有较多的文字描述信息，它们主要通过文字的表述使用户能在阅读后，对所需的信息进行了解与采集。

因此，在设计这类APP时，我们首先需要调控的便是文字信息，而对于文字信息而言，可以主要从以下四个方面进行把握。

旅游新闻>>
河北景区某景区搭建……

1. 避开生僻字体

生僻字带来的低识别度
影响用户的阅读

旅游新闻>>
河北景区某景区搭建……

2. 字体大小需适度

过小的字体同样
阻碍了用户的阅读

旅游新闻>>
河北景区某景区搭建……

3. 字号搭配突出要点

无字号的搭配文字信息显得单调
不便于用户对信息的接收

旅游新闻>>
河北景区某景区搭建……

4. 调节色彩对比度

文字与背景间色彩对比过弱或
过强都会引起用户阅读的不适

以上对于文字信息的视觉设计注意事项可以说是新闻阅读类APP的设计重点，其目的在于通过合理的安排与清晰的表现，让用户能够获取舒适而流畅的阅读体验，以达成新闻阅读类APP的功能效果。

当然在新闻阅读类APP设计的过程中，还存在着许多其他的设计方法与思路，下面便来进行进一步了解。

央视新闻APP是由中央电视台所推出的一款新闻客户端，该客户端不仅根据新闻类型划分了要闻、军事、体育、财经、社会频道，还加入了央视栏目、图解新闻、话题投票和热点纵深等特色频道，使用户能够全面而快速地接收各种新闻。对于央视新闻APP来说，其本身就有着其他同类软件不可企及的权威性，因此，在对其界面进行设计时，我们应当抓住央视本身的定位，将这种权威性进行巩固，从某个角度上来说，理性感的营造是体现权威性的有力途径。

》1. 巧用分块构成

将界面中的信息编排成一个个独立且棱角分明的块状区域，可在视觉上渲染一种严谨而理性的视觉氛围，在这里我们将这种编排方式，称之为分块构成。如下图所示的央视新闻APP客户端界面使用到了两种不同形式的分块构成，来凸显APP界面的理性气质。

形式一：无形的分块构成——在处理该种布局时，设计者首先需要借助辅助元素（例如，辅助线、辅助色块）划定出分块区域，而后将需要展示的内容排列在这些分块区域中。

用虚线在版面中划出分块区域。

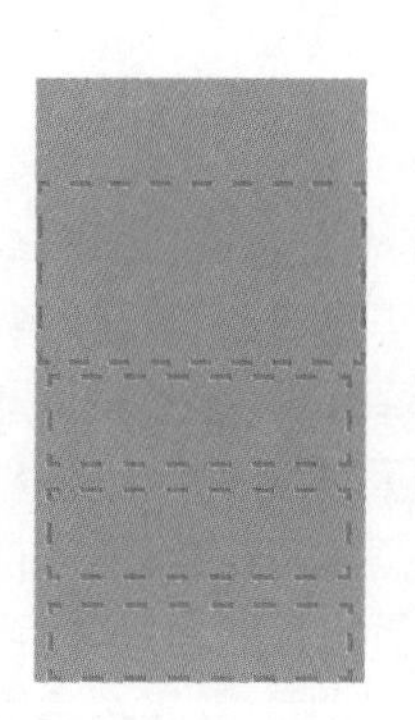

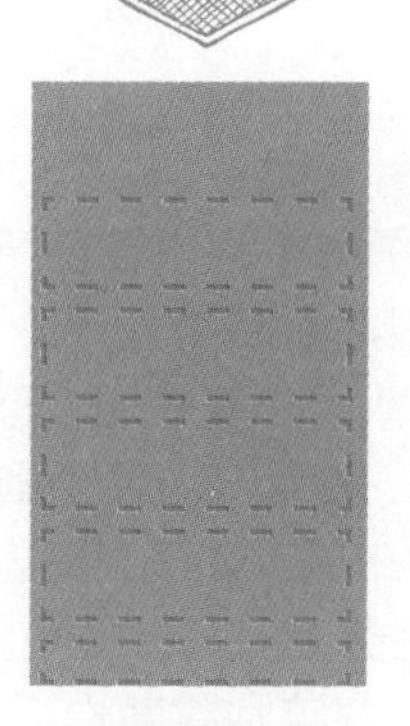

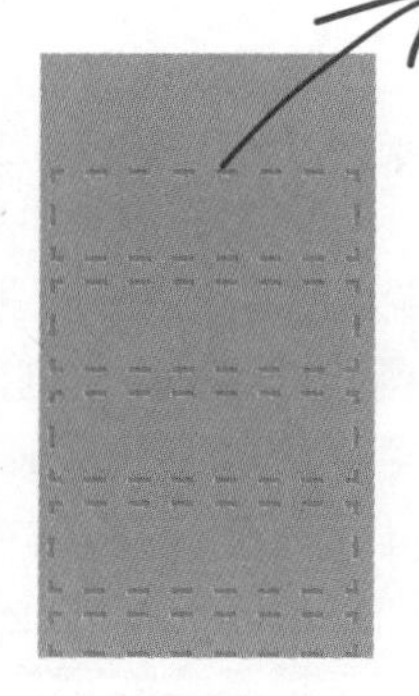

在排列完内容后，记得将虚线（辅助线）删除哦！

形式二：有形的分块构成——在处理该种布局时，设计者一般会借助其他元素（最为常见的编排元素为线框与色块），在空置的版面中规划出基本版面，而后将需要排列的元素放置在这些版面中。

线框式有形分块构成

如左图所示的央视新闻客户端界面便采用了线框式的有形分块构成，简单明了，分区明确。

方块式有形分块构成

如右图所示的央视新闻客户端界面便采用了方块式的分块构成，在带来规整感的同时，形态多变的方块分区，更是为界面平添了几分自由度。

2. 横向排列带来的稳定视觉

在央视新闻客户端的大部分界面中，设计者皆采用了一种横向排列的构成方式来编排界面中的视觉要素，其目的是为了带给界面一种平静且稳定的视觉空间，而这种平静与稳定感恰好是我们在塑造理性风格时所需要的。

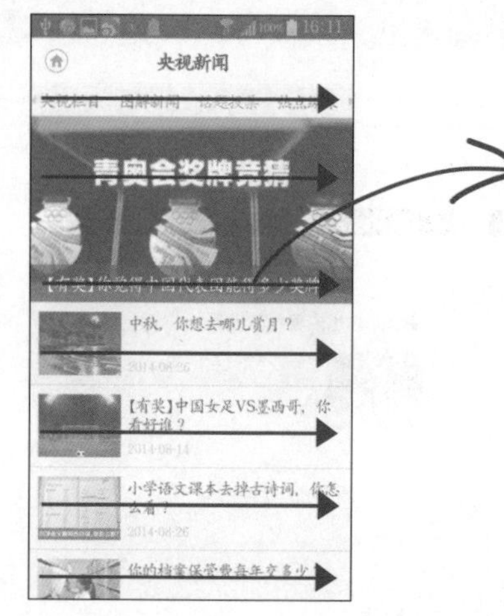

横向排列就是将界面中的视觉要素，在水平方向上，进行横向编排。

3. 以配色凸显新闻的权威性

在众多色系中，提到理性情感的表达，蓝系色彩应当是不二之选，除此之外，还可考虑与无彩色系进行搭配，其目的是在不改变理性基调的同时，丰富色彩层次。例如，在如右图所示的央视新闻客户端界面中，这种配色方式便得到了运用，怎么样？是不是与该款APP的定位十分符合呢？

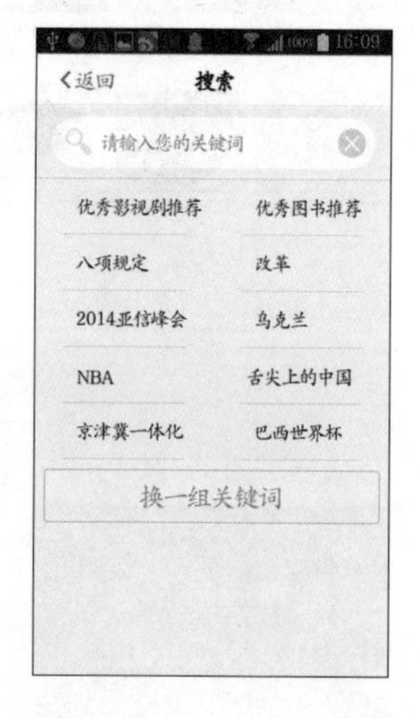

APP特色»

综上所述，我们可以得出这样一种结论，这款名为央视新闻的APP，主要采用了分块构成、横向排列，以及配色组合来渲染一种严谨而又理性的氛围，从而在视觉上提升APP的权威性，让其中的新闻显得更加真实可信。

360新闻APP是由360新闻团队倾力打造的一款新闻阅读客户端，在该款软件中，涵盖了国内、国际、军事、体育、互联网、科技、教育、财经、房产、汽车、娱乐等15类资讯。对于用户来说，在使用该类软件时，往往更青睐于一种清爽干净的视觉空间，并且对于一些生活节奏较快的群体来说，它们需要在有限的时间内，快速获取一些关键的新闻信息，而360新闻的视觉设计师便将这两点都做得恰到好处。

1. 感受绿白间的清爽气息

对于一款融合了大量信息的新闻类阅读软件来说，花哨、复杂的版面并不适合用户进行阅读体验，反而一些简单清爽的界面空间，更有利于用户进行阅览流程。

在对360新闻APP的界面进行配色处理时，设计者便牢牢抓住了清爽这一设计要点，并通过绿白两色的搭配，让用户仿佛置身于一片吹着徐徐清风的自然空间中。

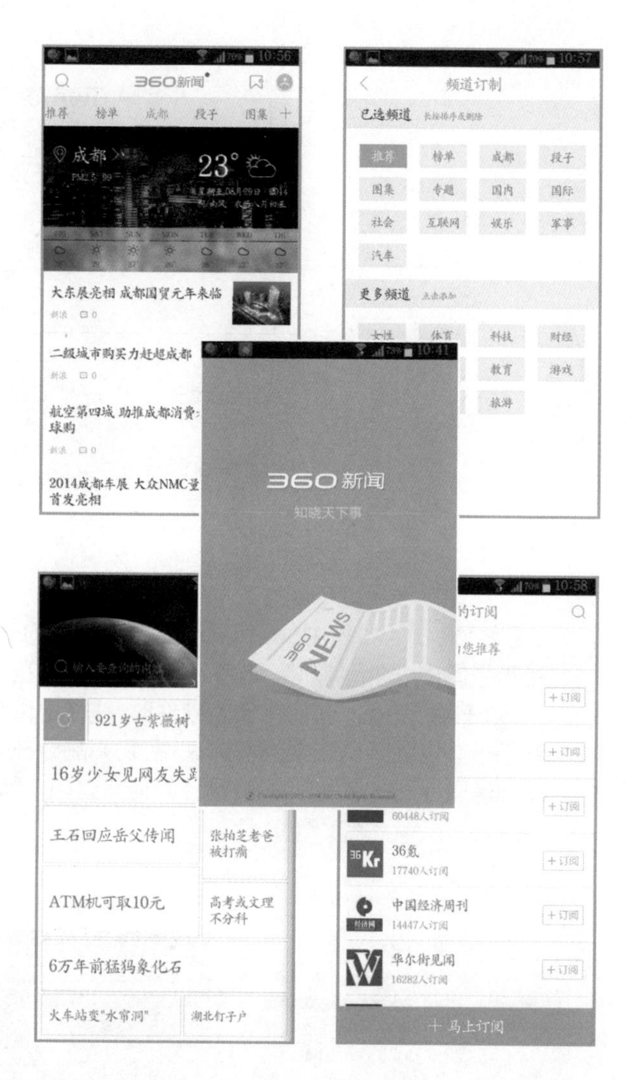

将明度较高的绿色与白色进行搭配，可营造出一种春风过境之感，让用户从心理上感到舒畅无比。

在绿白两色的面积分配上，白色要远远大于绿色，其原因是因为白色更有利于凸显黑色文字，除此之外，当色彩丰富的新闻图片出现在版面中时，白色不会对观者的视线造成干扰。

2. 标记符号带来的提示作用

在360新闻的界面设计中，为了解决快节奏生活群体的阅览需求，设计者特意在一些关键的新闻信息上添加了标记符号，这样一来，便起到一种相对醒目的提示作用。当然，在使用标记符号时，一定要记住以下准则哦！

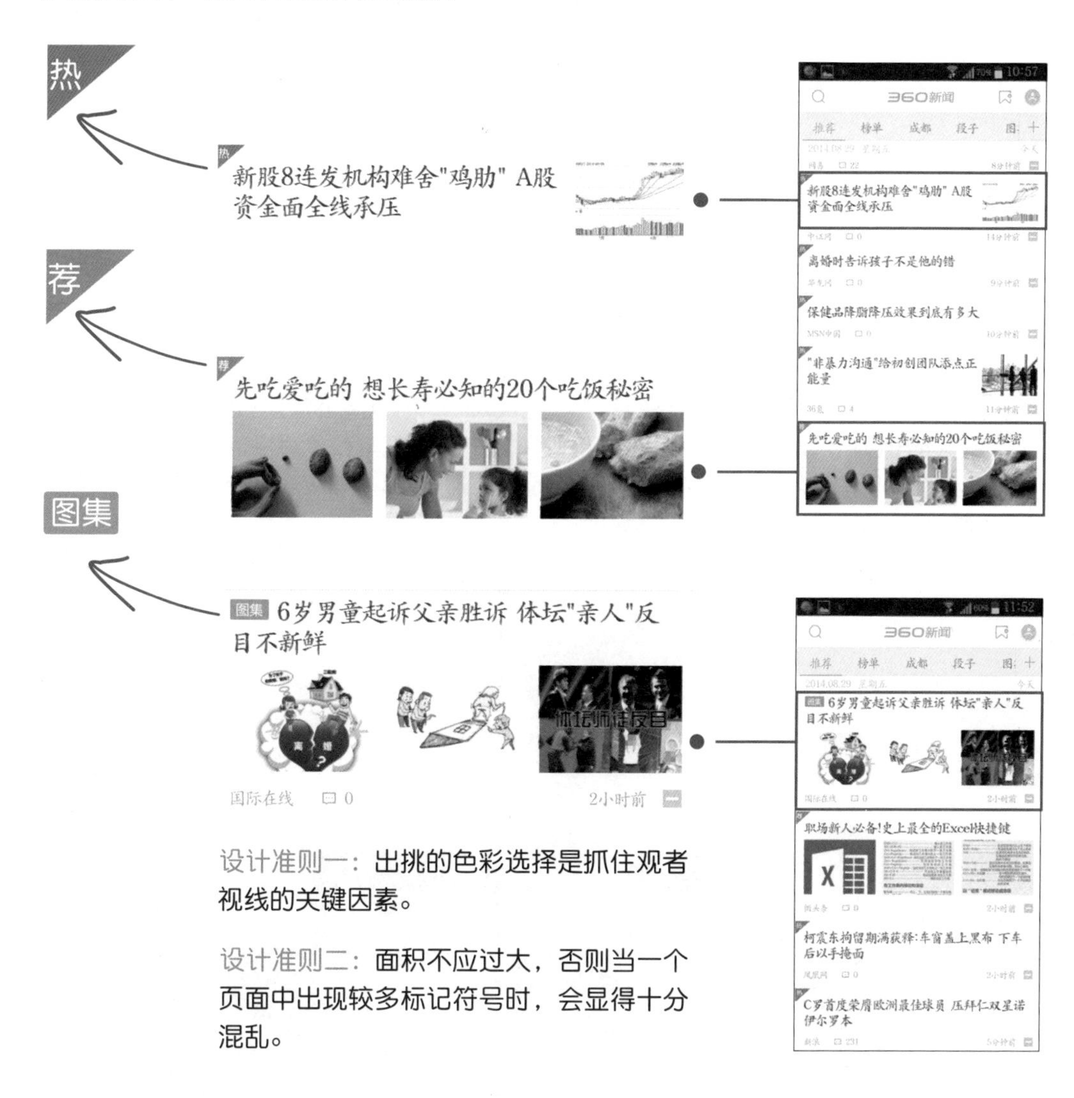

设计准则一：**出挑的色彩选择是抓住观者视线的关键因素。**

设计准则二：**面积不应过大，否则当一个页面中出现较多标记符号时，会显得十分混乱。**

APP特色»

在360新闻客户端的界面中，设计者首先以绿色与白色的搭配，来奠定了清爽洁净的界面风格，而后通过标记符号的运用，来帮组用户快速浏览关键信息。

百阅（Byread）是一款用于手机阅读与多媒体互动服务的软件，当用户在使用该款APP时，不仅能够浏览与下载各种手机电子书、漫画、写真等，还可以享受百阅所提供的手机社区服务。在我看来，百阅APP之所以能够从众多同类软件中脱颖而出，除了其强大的功能之外，最吸引用户的当属其传统真实的界面设计，该界面不仅能让用户仿佛置身于一个舒适而传统的读书环境中，还能体验到一种类似于真实阅读的感觉。

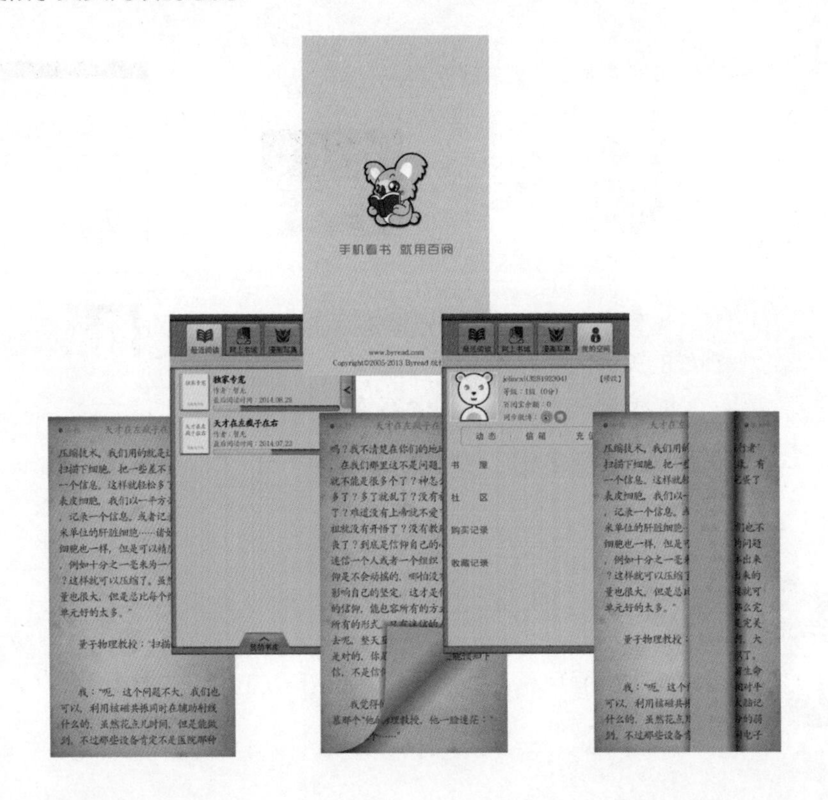

1. 木质材质的书架印象

在百阅APP的设计中，木质材质得到了广泛运用，从本页面中给出的界面效果中，我们可以看出木质材质的运用，可营造出一种传统的书架印象，而这种印象，可在一定程度上引发人们的共鸣，从而提升好感度。

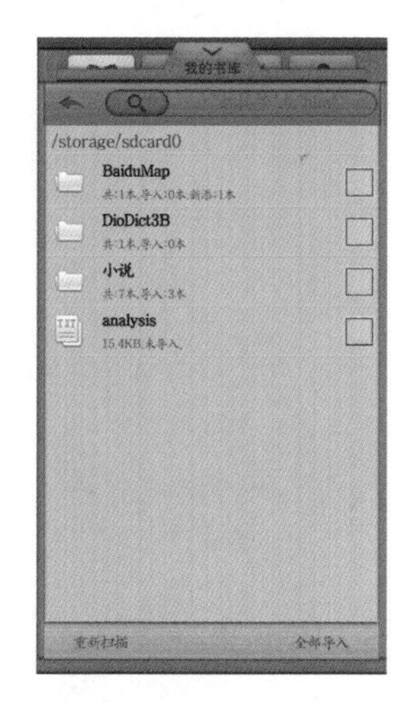

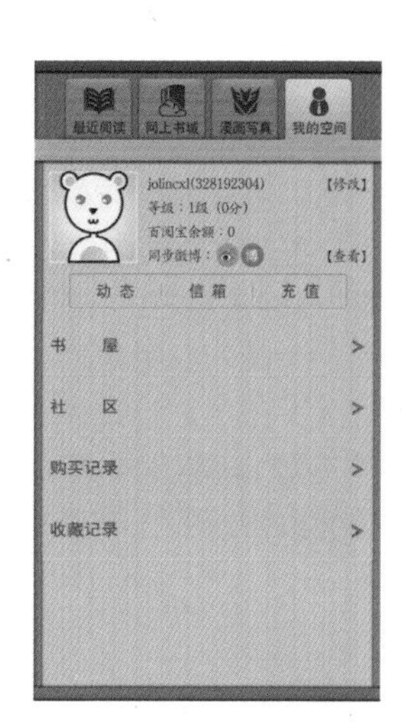

注意注意！在各种木质材质中，我们之所以要选择这种浅色调的木质素材，是为了让界面处于一种相对休闲且舒适的氛围哦！

2. 传统纸张的背景

在百阅APP的阅读界面设计中，设计者可谓是独具匠心，为了贴合整个APP的视觉风格，设计者特意在阅读界面的主题设定中，推出了两款特色化的主题效果，一种是复古的羊皮纸，另一种则是泛黄的纸张效果。

不论用户选择哪一款特色背景主题，皆能从中感受到一种浓郁而又传统的读书氛围。

复古的羊皮纸

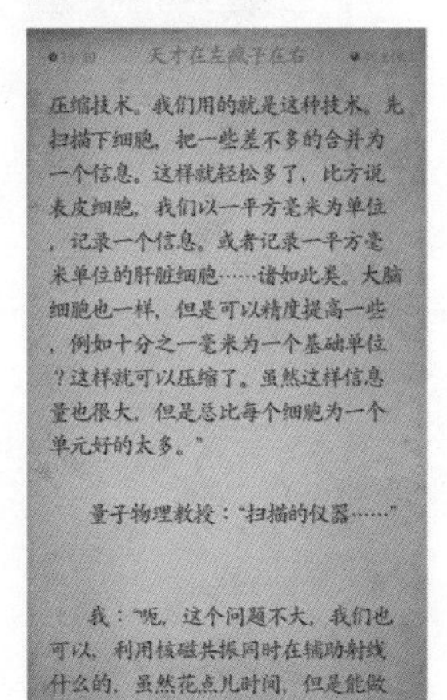

天才在左疯子在右

压缩技术。我们用的就是这种技术。先扫描下细胞，把一些差不多的合并为一个信息。这样就轻松多了，比方说表皮细胞，我们以一平方毫米为单位，记录一个信息。或者记录一平方毫米单位的肝脏细胞……诸如此类。大脑细胞也一样，但是可以精度提高一些，例如十分之一毫米为一个基础单位？这样就可以压缩了。虽然这样信息量也很大，但是总比每个细胞为一个单元好的太多。”

量子物理教授：“扫描的仪器……”

我：“呃，这个问题不大，我们也可以，利用核磁共振同时在辅助射线什么的，虽然花点儿时间，但是能做到。不过那些设备肯定不是医院那种

泛黄的纸张

天才在左疯子在右

级别的……不过……”我转向“旅行者”：“不过要是那个样本细胞不健康，有潜在危险，那岂不是那一片都完蛋了？”

他：“这个我知道，但是我们也不必关注是否有个别细胞不健康的问题，毕竟不是要重新制造一个躯体出来，只是模拟就好了。利用模拟出来的虚拟躯体，和大脑的主神经连接就可以和大脑产生互动了，也许不那么完美，但是无所谓，因为目的不是完美，只要弱电刺激啊，神经反射啊，大脑能按照我们的要求工作就可以了。然后停止其他智能反应，只保留生命维持的功能，也就得到了一个相对平和的大脑状态，这时候，刺激大脑记忆部分，让记忆部分释放那部分的弱电，提取记忆信息出来，然后用电子

3. 仿真的翻页效果

为了给用户带来更加真实的阅读体验，设计者在对阅读界面进行交互设计时，采用了仿真的翻页效果设计，让用户可以从任意角度进行翻页动作，从而感受到一种相对真实的读书趣味。

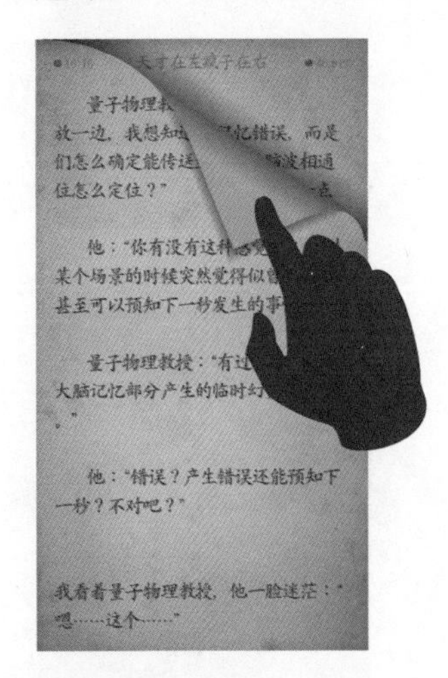

他：“错误？产生错误还能预知下一秒？不对吧？”

我看着量子物理教授，他一脸迷茫：“嗯……这个……”

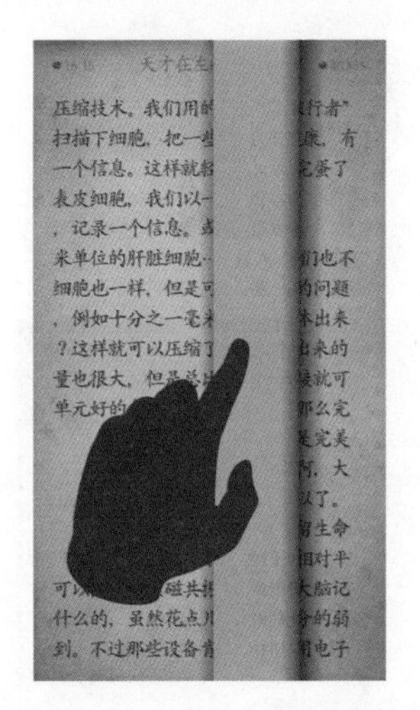

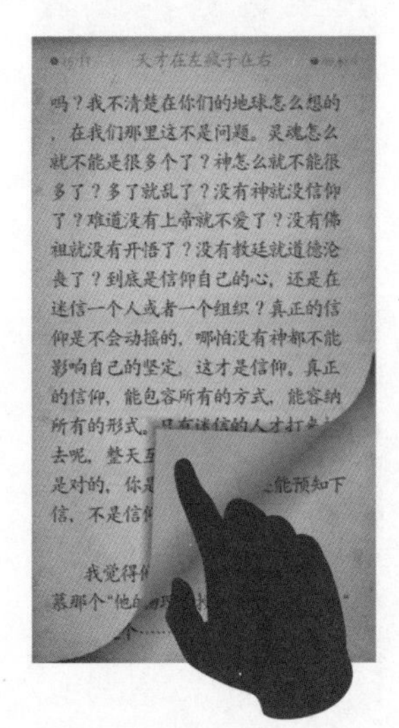

天才在左疯子在右

吗？我不清楚在你们的地球怎么想的，在我们那里这不是问题。灵魂怎么就不能是很多个了？神怎么就不能很多了？多了就乱了？没有神就没信仰了？难道没有上帝就不爱了？没有佛祖就没有开悟了？没有教廷就道德沦丧了？到底是信仰自己的心，还是在迷信一个人或者一个组织？真正的信仰是不会动摇的，哪怕没有神都不能影响自己的坚定，这才是信仰。真正的信仰，能包容所有的方式，能容纳所有的形式。

APP特色》 综上所述，百阅APP的特色主要表现为书架印象的塑造，传统纸张背景的应用，以及仿真翻页效果的交互设计。

优家画报APP源自于女性杂志《优家画报》，因此，在该款软件中，涵盖了大量的时尚资讯，从某个角度来说，优家画报就如同现代都市女性的随身闺蜜一般。并且，与一般的杂志阅读类APP不同，这款APP将潮流时尚阅读与一站式购物结合在了一起，从而让女性读者们在阅览各种各样的潮流资讯时，能够根据自己的需求，直达品牌的官方电商。

作为一款创新型的在线时尚杂志，优家画报将用户定位在现代都市女性群体，因此，在对该款软件的视觉设计进行规划时，设计者需根据该群体的喜好或特质进行设计，当然时尚感的体现也是必不可少的。好了，接下来就随我一同去看看优家画报的视觉设计师究竟是怎样去处理的吧！

1. 简单配色展现都市女性特质

在我们的印象中，现代都市女性往往具备独立、自主、精致、优雅等特质，因此，在对优家画报APP的界面制定基本配色方案时，设计者便将配色重心放在了以上特质的表现上。

接下来，我们将会对优家画报的界面配色方案进行详细分析。

经典的黑白两色，是表现当代女性独立、自主特质的不二选择，并且当小面积黑色出现在大面积的白色中时，还能体现出一种精致且高端的视觉效果。

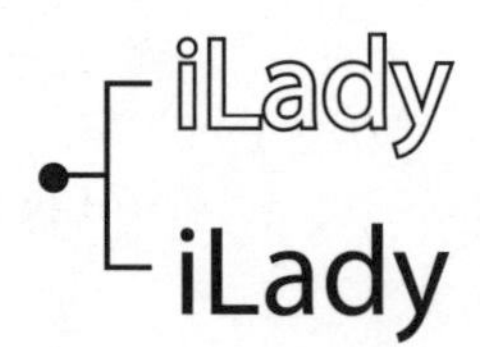

高纯度的蔷薇色，不仅能展现现代女性的优雅与自主气质，当它搭配黑白两色时，还会显得格外出色。

iLady

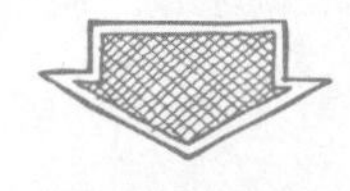

注意注意！界面中资讯图片的配色，并不算在APP的基本配色方案中哦！

2. 感受自由型版面的时尚气息

在版式设计中，存在着这样一种版面类型，它没有既定的框架，没有固定的编排准则，更多的是根据设计者对形式美感的把控，对版面中的视觉要素进行自由编排，在这里我们将其称之为自由型版面。

在优家画报的大多数资讯界面中，设计者习惯于在资讯的开头界面融入自由型版面的编排方式，其目的是让用户在一开始便感受到一种来自于自由型版面的时尚气息与随性之美。

3. 特殊字体的选择与运用

与一般仅用到两到三种特殊字体（泛指除黑体、宋体以外，风格性较强的字体样式）的新闻阅读类APP不同，在优家画报APP中，设计者用到了多款特殊的字体样式来设置各种资讯文字，其缘由主要是从以下两个角度出发的。

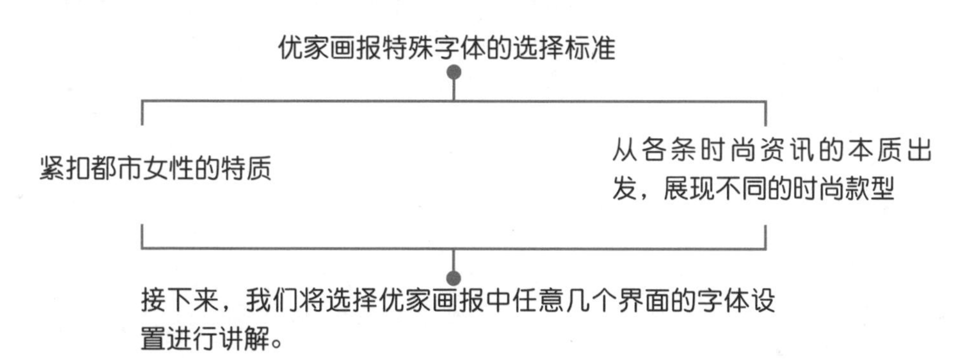

在如上图所示的这一组资讯界面中，主要用到了如下图所示的三款特殊字体。

READY TO BUY

从都市女性的特质出发——棱角分明的字体结构，能表现出都市女性的自主个性，纤细而狭长的笔画构成，十分贴合许多时尚女性给人的高挑印象。

What to wear today

从资讯的本质出发——在如上所示字体样式所对应的界面中，陈列了一套散发着浓郁优雅气质的服饰，为了强调这种气质，设计者为其所在界面选择了一款造型优美且时尚的字体样式，作为部分重点文字的字体样式。

Chic Game

从资讯的本质出发——在如上所示字体样式所对应的界面中，陈列了一套风格休闲的时尚服饰，而这套服饰也是本条资讯的核心内容。因此，在设计过程中，设计者特意为其选择了一款风格休闲且不失随性感的手写字体来作为部分重点文字的字体样式，从而彰显出一种与资讯本质相符的时尚款型。

APP特色»

在这款专为现代都市女性所打造的时尚资讯平台（优家画报APP）的视觉设计中，设计者主要从配色、版式及特殊字体的设计这三个方面，来塑造出一种符合现代都市女性特质与审美喜好的视觉空间。

100%

Chapter 05

生活类 APP

内容摘要

随手记

赶集生活

汽车报价大全

中央天气预报

滑动解锁

玩转生活类 APP

Cancel OK

什么是生活类APP？生活类APP其实就是与生活息息相关的APP，比如理财APP、服务APP、资讯APP、健康APP、菜谱APP、造型APP等，我们先来对这些APP分类中常见的产品进行相应了解，如下图所示。

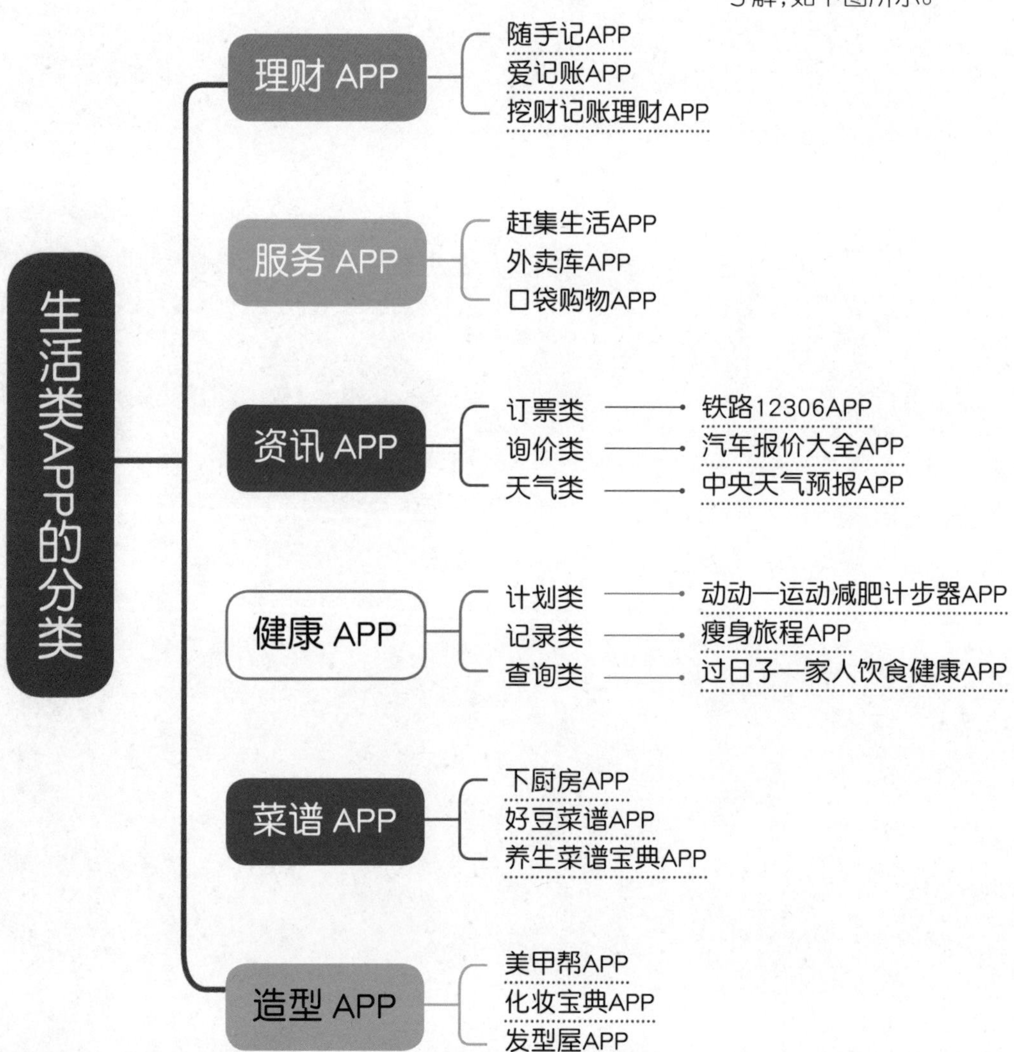

不难发现，生活类APP的类别是丰富多彩的，而在对这些不同分类的生活类APP进行移动UI的视觉设计时，有些类别是有着属于该分类的设计共性与特色的，而把握这些特色或特点，能让我们在设计这类APP的UI时更为得心应手。

与数字、统计相关的理财APP，采用图表的表现能让信息更清晰。

▲随手记APP界面

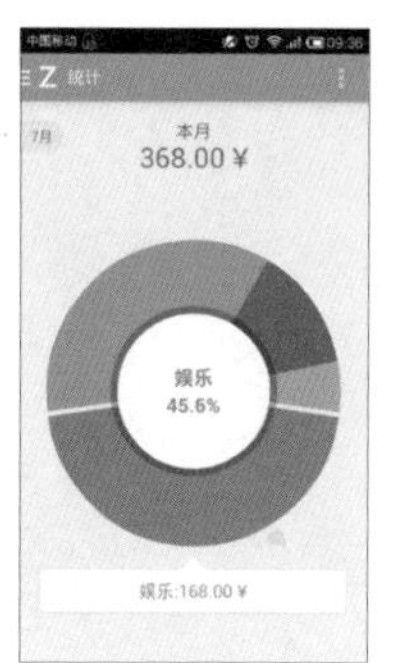

▲爱记账APP界面

资讯
APP

询价类资讯APP需要展示商品的图片，褪底图片等不同类型图片的穿插使用，能让这类APP界面更为灵活美观。

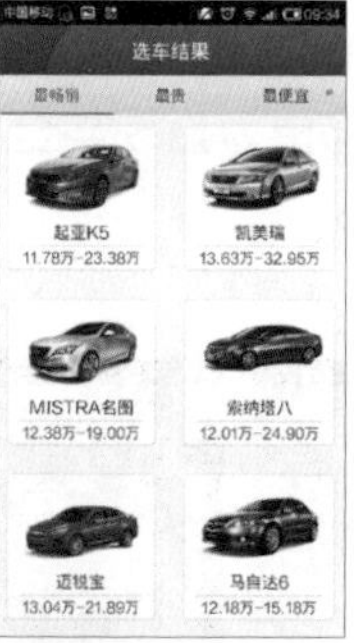

▲汽车报价大全APP界面

▲电脑之家APP界面

天气类

在设计天气类APP中的背景图片时，使用符合当时天气情境的图片，能让用户更为直观地感受到天气状况。

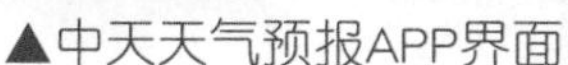

▲中天天气预报APP界面

▲IOS7系统中的天气界面

了解了生活类APP中一些不同类别的移动产品的设计共性后，下面通过具体的分析来看看除了共性以外，还需要掌握哪些细节的设计特色，以便让我们可以更为全方位地了解生活类APP的界面视觉设计法则。

随手记属于一款生活理财APP，从本页展示的众多的界面不难看出，这一款产品拥有较为全面的理财功能，其中便包括了多元化的图文结合表现形式，它使得用户能够更为直观与全方位地了解到理财的信息。

1. 图标形式

如右图所示，在随手记APP的界面中，采用了图标结合文字的表现形式。

就视觉而言，这样的表现形式丰富了界面的元素，让界面显得更为生动与活泼，同时有了图标的加入，文字信息也不再显得单调，用户通过图标能够一目了然地了解到文字信息的区别，能更加高效与便捷地对界面中的信息进行接收。

彩色色块图标

单色线性图标

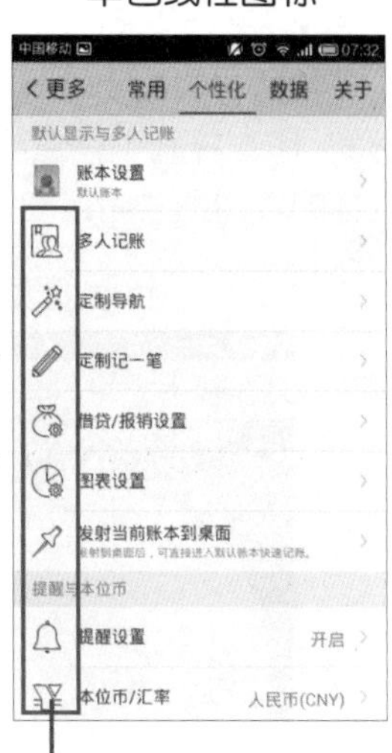

在流水账界面中，彩色色块图标的使用让流水账的表现形式变得丰富生动，很好地区别了各项消费，使得具体的消费情况显而易见。

在个性化界面中，图标采用了单色线性风格，已与流水账界面中的图标区别开来，而图标的添加同样使界面中个性化设置的文字说明区别更为明显。

2. 色块形式

利用色块也能让界面中不同部分与板块的区分更为明显，从而更加便于用户对界面的结构进行整体把握，如下图所示。

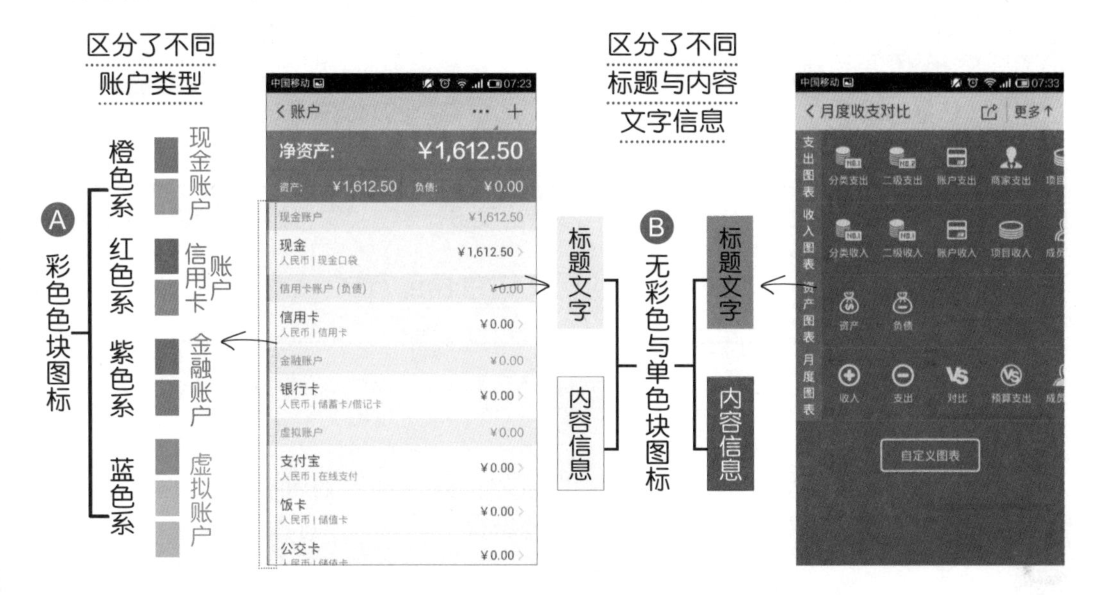

3. 图表形式

相对于只有文字叙述的界面而言，采用图表这种简洁的图文结合的方式去表现信息与数据，能让界面中信息的传达更为清晰，也让信息间的对比更加明确。对于理财产品而言，这样的表现形式可以使用户更加直观地看到各类财务数据的具体情况，如下图所示。

饼状图表

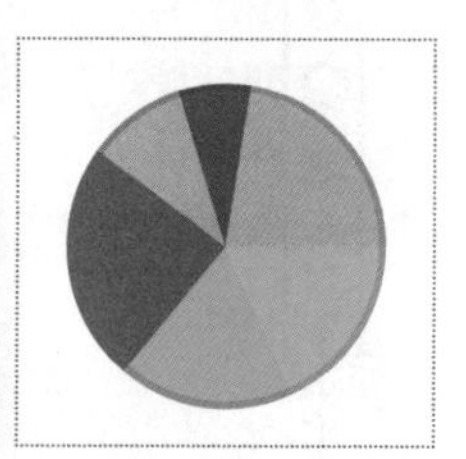

条状图表

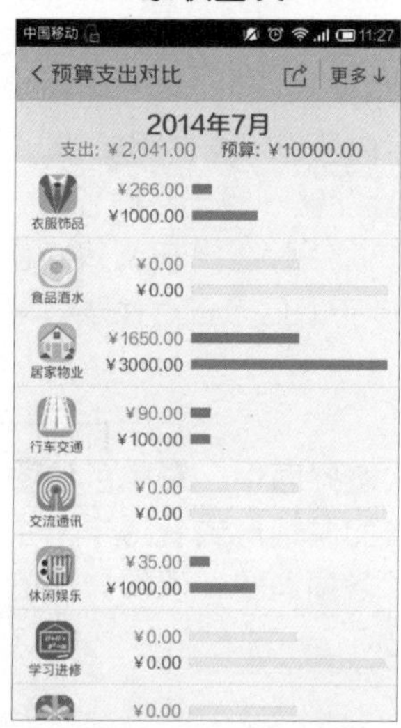

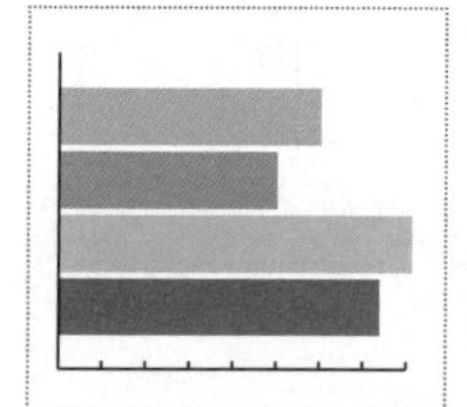

通过不同颜色与比例的控制，界面中的饼状图明确地展示了不同支出类别所占总支出的比例。不难发现其中居家物业所占比例最大为80.84%，这样的图表与对比，为用户管理与梳理账目提供了依据与线索。

同理，通过条状图形，不仅可以让用户清晰地看到本月在哪个项目的预算是最多的，同时通过支出与预算两个色彩不同的条状图形的对比，用户也能直观地看到每个项目中支出与预算之间的对比关系。

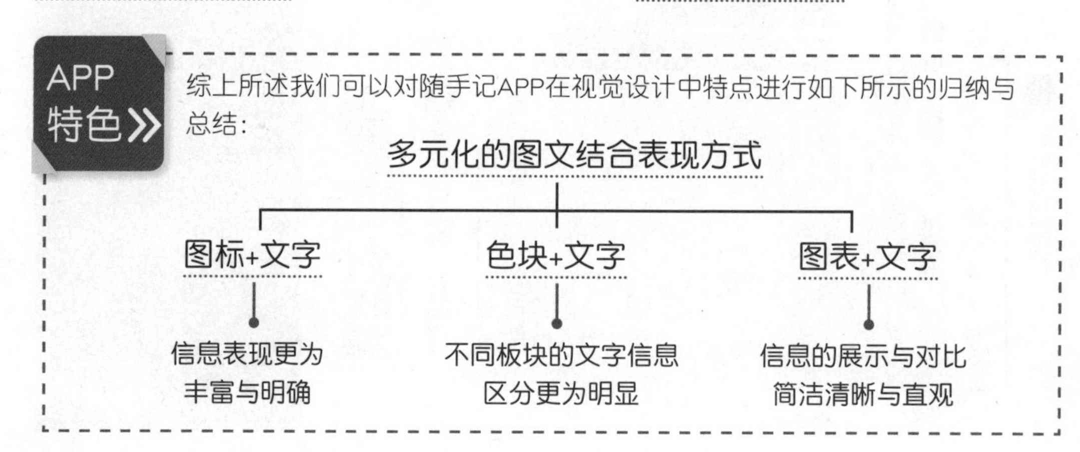

赶集生活属于一款生活服务APP，该产品中提供了全职兼职、二手物品买卖、找房租房等各类与生活息息相关的实时资讯。

这样一个包含众多内容与信息的产品，如何将这些信息有效地传达给用户，或者说如何更加便利地让用户找到所需信息呢？下面通过分析来看看其设计的小技巧。

»1. 合理利用颜色与面积让信息分类有重点

当界面中需要展示过多的按钮信息时，如果将它们平铺直叙地排列在界面中，其没有层次变化的表现形式，容易给用户带去视觉的疲劳感，也容易让用户产生眼花缭乱的视觉感受。然而对这些按钮信息进行适当地调节，便能很好地改善不良的体验，来看看下面这个例子。

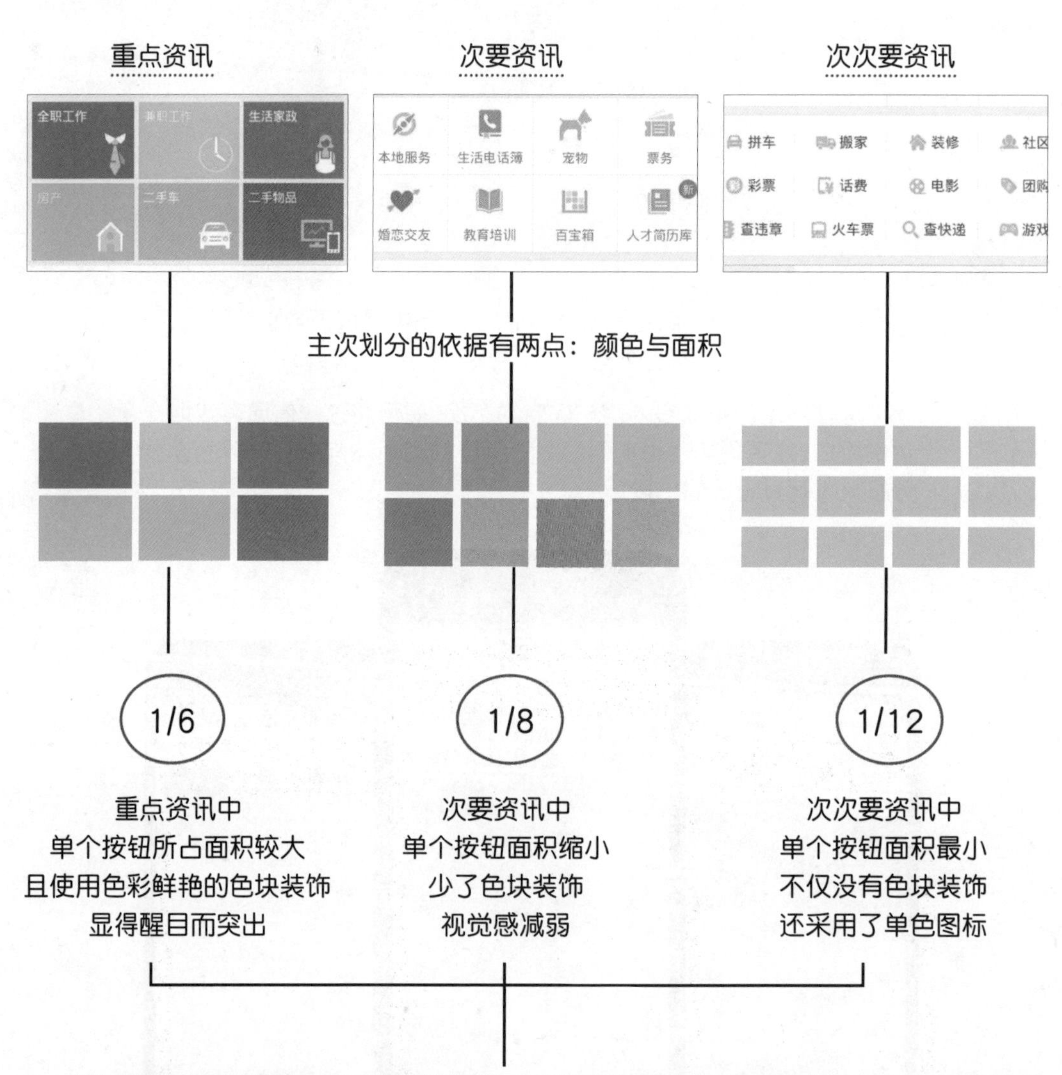

通过颜色与面积的控制，让这些按钮有了不同的表现形式，也有了主次的区分，而当如上图所示的三个板块放置在同一个界面中时，也能避免因为雷同而给用户带去的视觉疲劳感，然后便形成了如下页中所示的界面。

其实这便是赶集生活APP的主界面，如前文所述，界面中的按钮信息得到了有效地分类，显得主次分明、层次清晰，这样的设计也方便了用户对于界面信息的浏览与操作，有节奏感的信息呈现方式，避免了用户产生眼花缭乱的视觉体验。

2. 排列组合有秩序

信息分类的有效化还体现在对繁多的信息进行有序地排列组合之上，这一点在赶集市场APP的界面中也有所体现，如下图所示。

下面的三个界面中，虽然信息排列组合方式都不相同，但每个界面都按照一定的形式进行排列而显得井然有序，这样便方便了用户对信息的浏览与查阅。

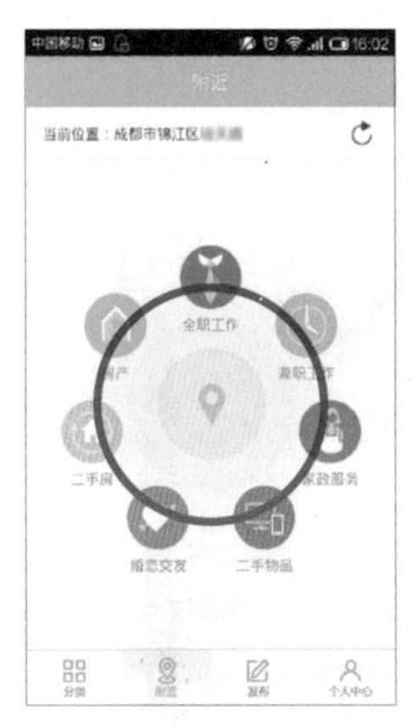

圆环排列

横向排列

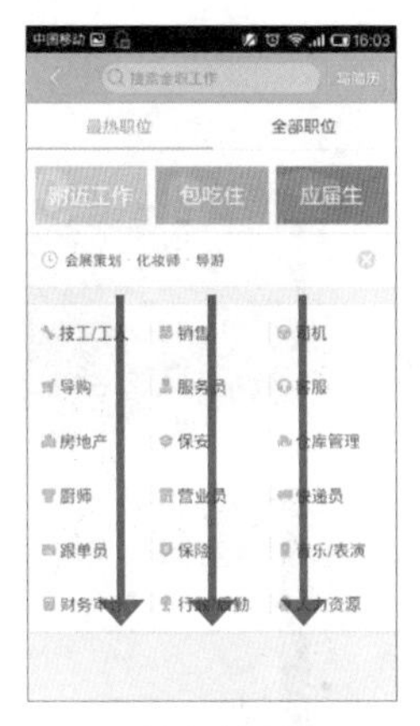

纵向排列

综上所述，赶集生活APP对信息有效的分类方便了用户对于资讯的了解，而当我们在设计一款资讯信息量较为丰富的APP时，同样可以借鉴上文所述的方法，划分清楚界面信息的主次，并对界面中各个版块与诸多信息进行有序地排列组合，让界面繁而不乱，从而更加方便用户对于信息的接收。

汽车报价大全是一款由易车网推出的移动APP产品，该产品囊括了七千多款车型的价格信息，以及全国上万家经销商的最新报价。

对于这样一个APP而言其功能设定明确，为的就是让用户可以更多地了解到与汽车相关的资讯。说到汽车资讯，其中便不乏对汽车进行展示，而其中的一种展示方法便是利用“图”，下面就来看看在“汽车报价大全”APP中，是如何合理地将“图”与汽车资讯进行结合的吧。

下面所展示的图片都是汽车报价大全APP中的界面，在这些界面中包含了各种各类与汽车相关的资讯，其中也不乏对“图”的使用，如下图所示。

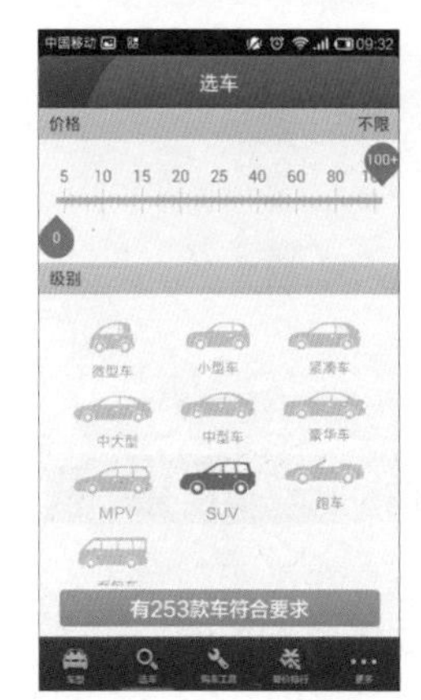

使用了图形图案

在APP的界面中大致使用了以下三类“图”，而这三类“图”的使用并不是毫无规则与依据的，在界面中使用这些不同类型的“图”时，也是有着一定的讲究与秩序的，首先我们先来认识下这三类“图”，再来看看它们分别被用在了什么样的界面中。

常规图片

没有去掉背景，直接通过拍摄而得到的图片，可以被认为是常规图片，图片中的主体可能会受到环境的干扰，却显得较有情景感。

褪底图片

简单地说被去掉背景的图片便成为褪底图片。这样能使图片中的某个物体更为独立地呈现出来，让图片中的内容变得更为简洁而醒目。

图形图案

图形图案是对真实事物进行的一种具有概括性的表现手法，虽然不能真实地还原物体的细节，却能在一定程度上形成一种统一的风格。

视频资讯中采用了常规图片

车型销量展示中采用了褪底图片

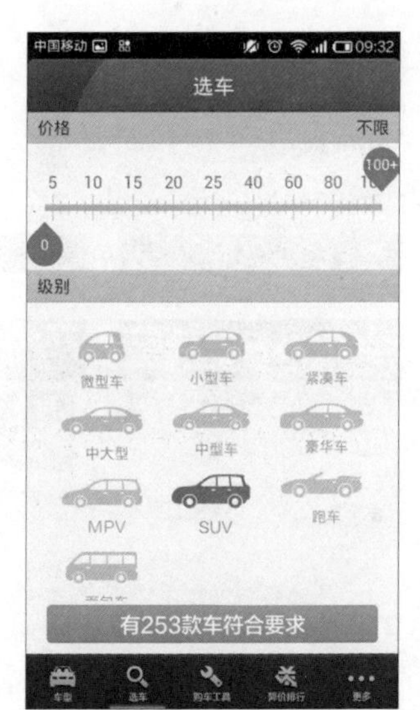

选择车型级别时采用了图形图案

»1. 发挥图形图案的概括作用

在选车界面中因为不确定需要展示的具体汽车，因此此时采用图形图案去代表某一级别汽车的造型最为合适不过。

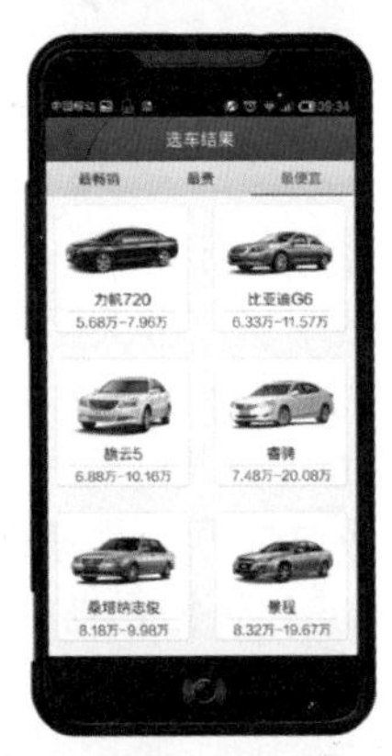

»2. 让褪底图片突出重点信息

在完成了选车明确了目标后，此时便可以采用有着具体信息的图片去展示选车结果，而此时选用褪底图片能让汽车的造型更为明显与醒目。

»3. 适当利用常规图片表现情景感

对于具有4S店介绍、新闻内容、视频等资讯信息的界面而言，采用常规图片能够突出汽车的情景感，从而让新闻的资讯或新闻等的真实性更为强烈。

综上所述,可以说汽车报价大全的特色便在于对于“图”的使用，在APP的界面中不仅使用了不同的“图”去丰富界面的表现形式，将这些图合理地放在适当的界面中，也方便了用户对于信息的浏览与接收。

作为一款天气预报生活类APP，中央天气预报APP不仅包含了国内外3 000多个城市的天气信息，以便给用户带去详细的天气资讯查询。除此之外，该APP的界面设计也富含特色——用户通过通透的界面视觉传达设计，不仅能直观地看到与天气相关的数据，还能透过数据身临其境地感受到天气的状况，下面通过讲解，我们来进行较为详细的了解。

»1. 符合天气情境的图片内容设定与选择

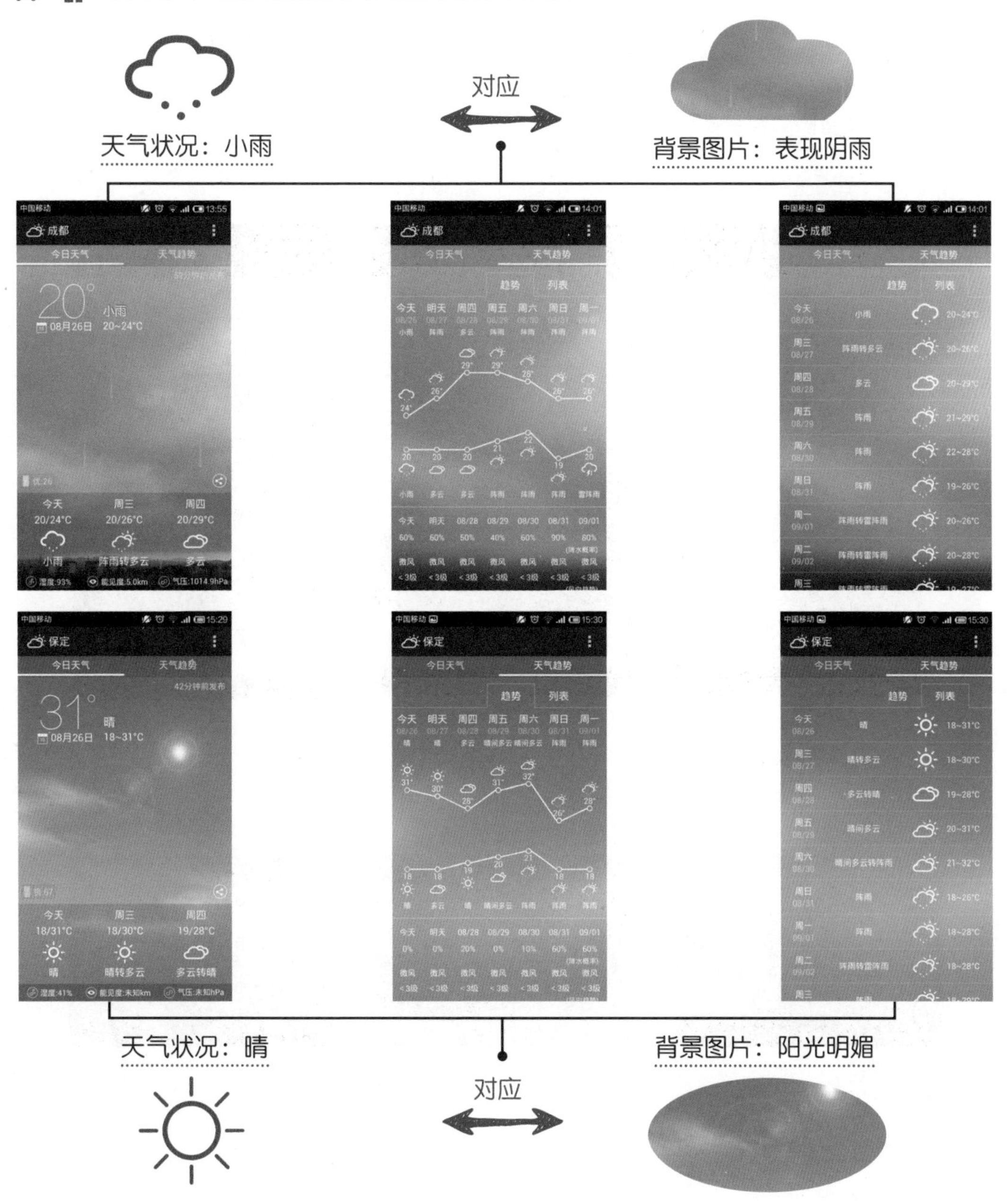

如上面的界面所示，不同的天气状况界面的背景图片会呈现出不同的内容，而该内容又与当时的天气状况相对应。这样的设计将天气情境更直观地呈现在了用户的眼中，让用户在使用APP时，不仅能获取操控感，还能从视觉上身临其境地感受到天气的变化。

» 2. 直观与通透的表现方式

下图所示的界面均为中央天气预报的今日天气界面，其实也是该APP的主界面，通过向下滑动该界面可得到三个不同的部分，而这三个部分中元素的表现形式有着细微的区别，却都能带来一种通透的视觉效果，如下图所示。

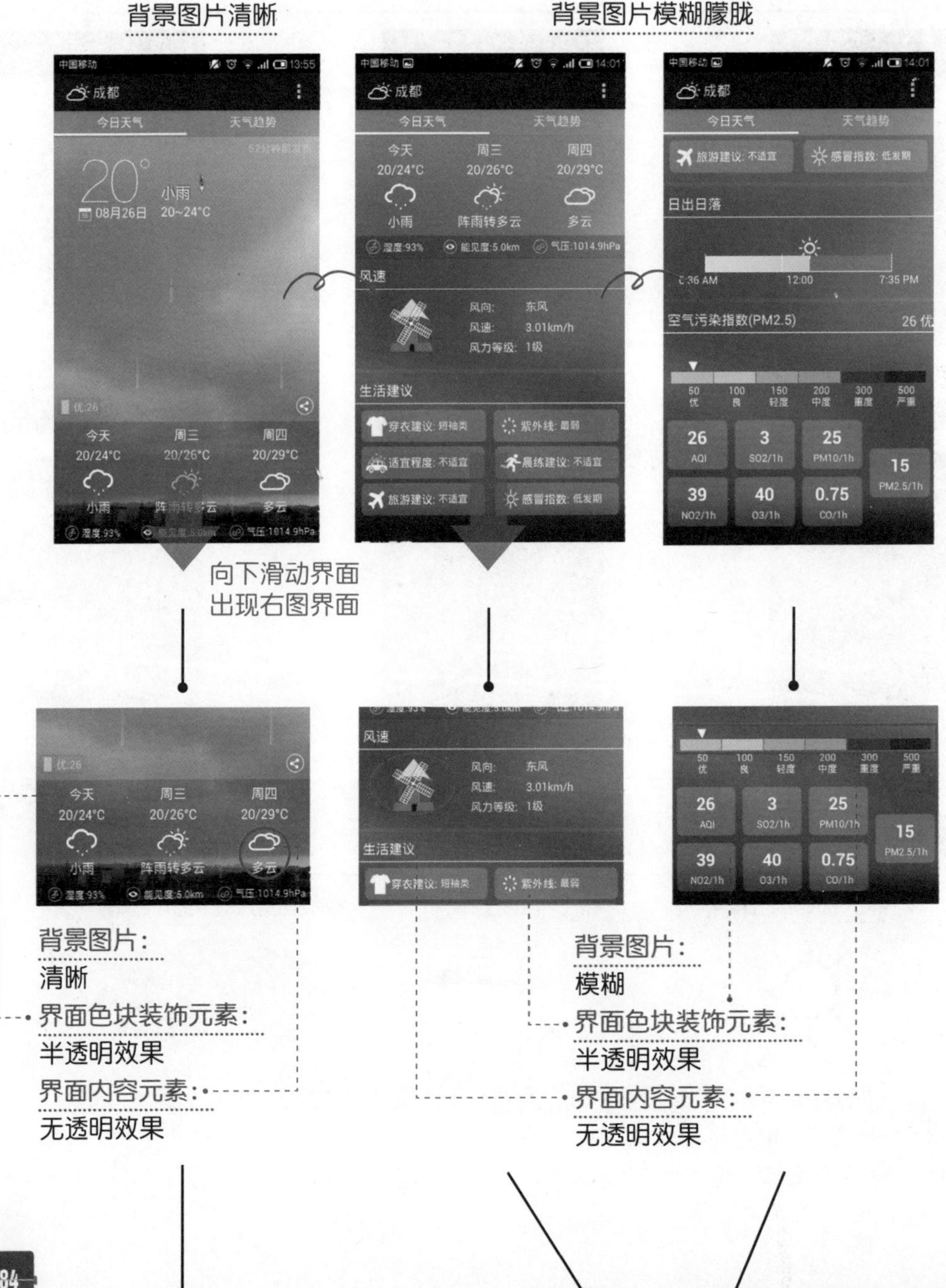

通透表现方式一

利用清晰图片结合界面半透明效果的装饰元素去呈现一种通透感。

运用清晰图片时，界面信息通常较少，界面显得空旷，对于天气APP而言，这样的设计，有种打开窗户看窗外风景的体验。

适用于信息较少且信息表现尺寸较大与明显的界面。

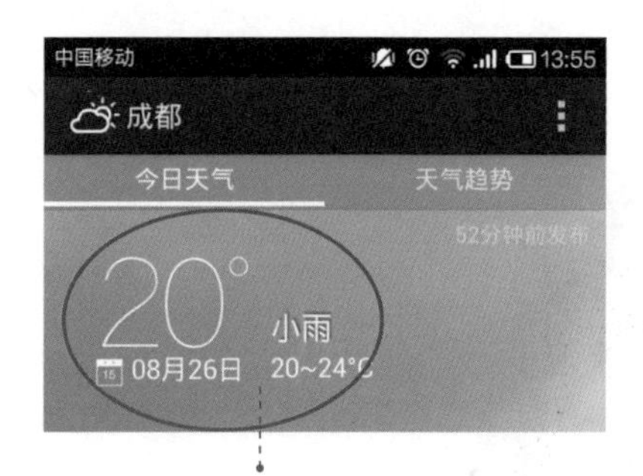

信息较少界面较为空旷
且信息拥有足够大的
显示尺寸

通透表现方式二

利用模糊图片能使用户产生雾里看花的通透质感体验。

该方法常见于IOS7系统之中，而用在展示天气信息的界面中也较为合适，它给用户带来了一种透过毛玻璃看窗外的天气的视觉感受，进一步让用户有了身临其境的体验。

适用于信息内容较多的界面，如上面两图所示，清晰与模糊的对比能进一步凸显界面信息。

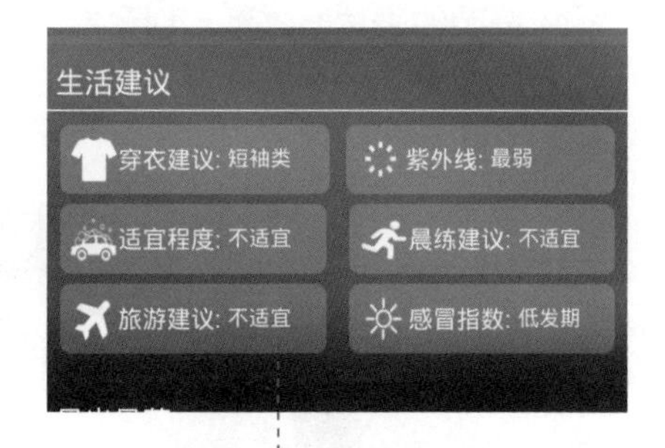

界面中信息内容较多
界面被填满
内容信息显示尺寸相对较小

APP特色 »

可以说上文所提到的两个要点概括了中央天气预报APP的界面特色，而这两个设计要点也较为适用于天气APP的设计。
符合天气情境的图片内容设定与选择能让用户设身处地地感受天气状况，而直观与通透的表现方式则带给了用户透过玻璃窗看窗外天气的感官体验，这些都与天气APP的设定相匹配。

Cancel Twitter Post

简洁的流程图表让目标更为明确——瘦身旅程

118

Account @gt >

Location None >

瘦身旅程APP是一款用于记录瘦身过程中点滴变化的应用。每天简单的一步或两步操作：记录体重还可以选择自拍体型，便看到每天体重的变化。

该APP的界面设计也同样简洁而大方，其中流程图的运用等简明的表达方式都一目了然地向用户呈现了整个瘦身的过程，下面便来对这些界面进行相应的了解吧。

»1. 横向折线图清晰展示数据的变化感

启动瘦身旅程APP后便可以通过滑动界面查看到“最近的记录”中的信息，如下图所示。

界面展示了每一天所记录的体重数据，并且以折线图的方式，通过线段上下的浮动使用户能直观与清晰地看到体重的变化情况。

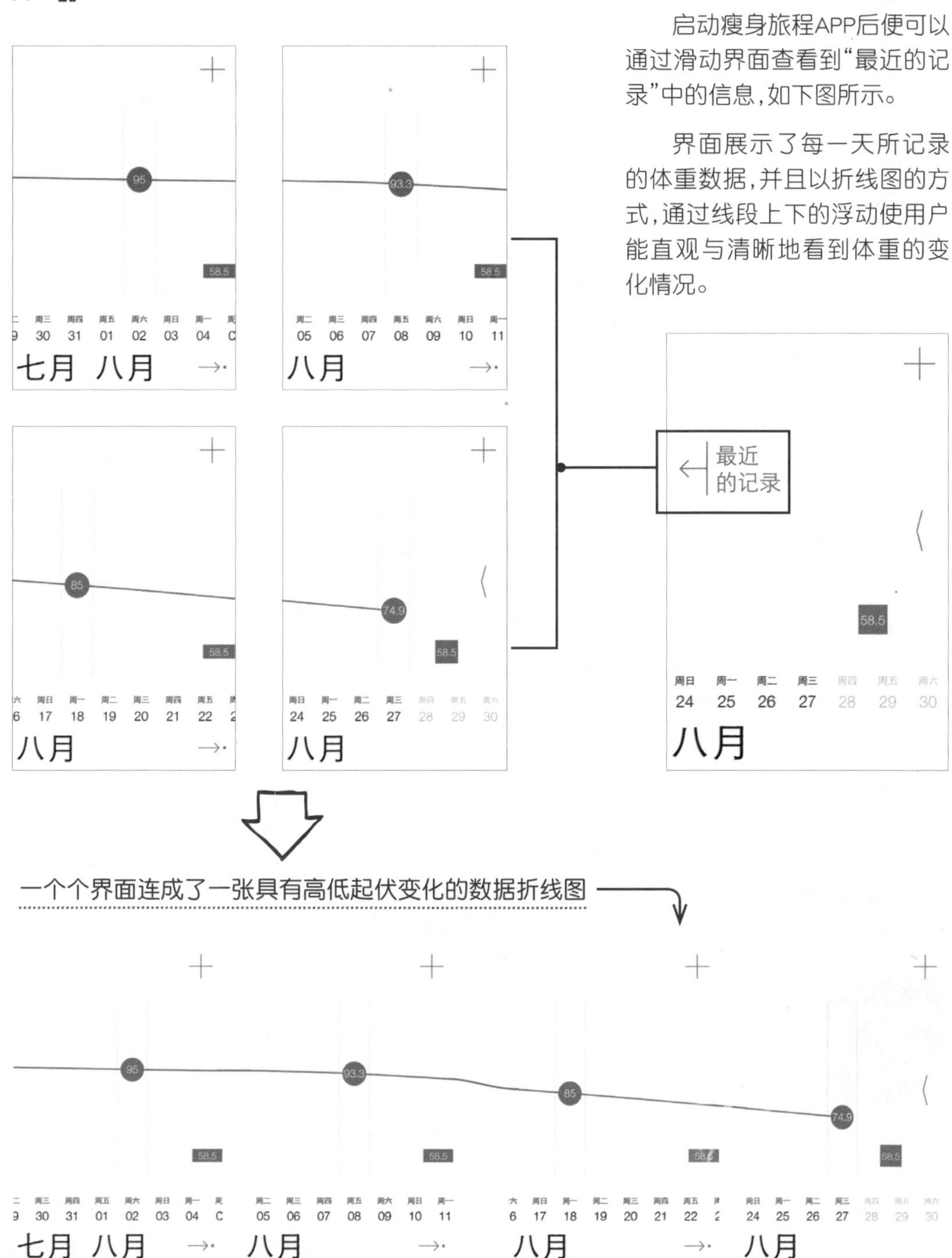

2. 纵向折线图带来的足迹感

直线元素的细节添加

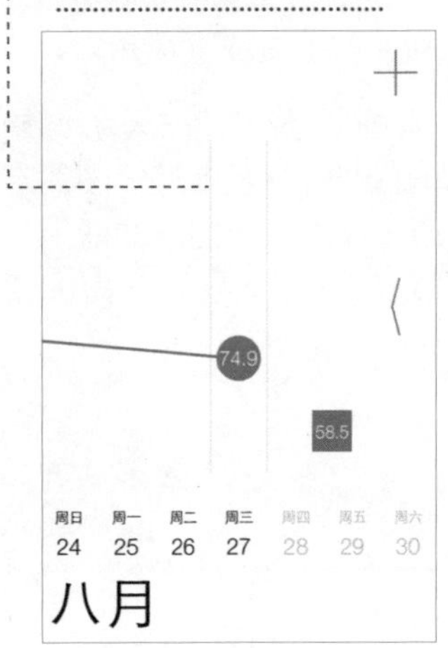

在清晰展示数据变化的同时，横向折线图还利用了直线元素让数据与日期的对应关系更加明确，从而让信息的传达更加精准，这一细节的添加也让界面显得更为精致与富含人性化。

线条的运用还体现在界面所使用的纵向折线图中，如右图所示。

大事件由点线串联

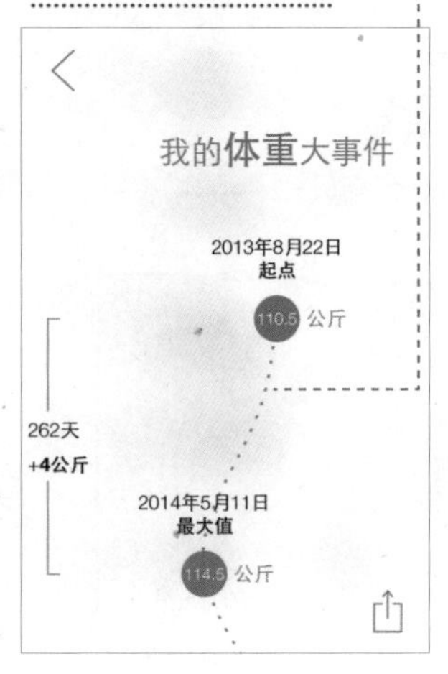

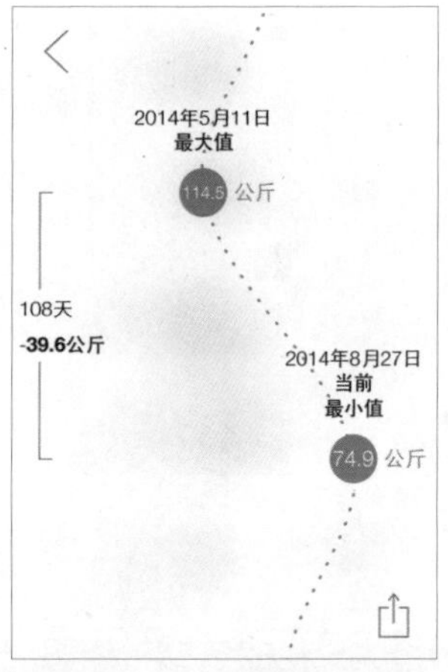

点线像一个个小脚印连成的一串足迹体现了“旅程”这个关键词

在体重大事件界面中也使用了折线图，只不过此时变成了从上至下的纵向折线图，并且线条也采用了点线的形式。

点线是由一个个小点连接成的线段，体重大事件中的数据被点线所串联，结合线条幅度的变化，形成了具有说明性质的体重纵向折线图，而这样的表现也形成了如足迹般的视觉感受，与APP“旅程”这个关键词相吻合。

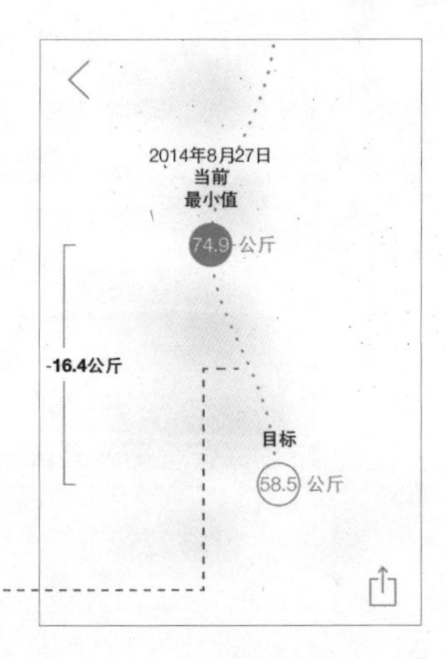

APP特色

通过上面的分析我们可以发现，流程图表的使用，如折线图，可以让数据更为清晰地展现在用户面前，从而让用户更为明确使用APP的目标。同时添加细节的装饰也能让界面更为精细，如横向折线图中直线的添加，让对应关系更加明确，方便了用户对信息的查阅；而纵向折线图中点线的使用则象征了体重变化的过程就像是在完成一次旅程一般，需要一步一个脚印，让用户从视觉上明确终点与目标，并为之而努力奋斗。

口袋购物APP与将在第六章中所提到的淘宝与京东等娱乐休闲类APP相似，其都具有购物与休闲娱乐的属性，然而不同的是，口袋购物APP是好几款购物APP的集合体，它能给用户带去更为全面与综合的购物信息，并且其清晰明了的比价功能也给用户带去了实实在在的购物便捷感。

因此它更像是一款生活类APP，省心而用心的APP设计，为用户们节省了购物时间；让比价更加智能化，不再费事而劳神；解决了生活中的难题，切实给用户带去了生活的便利体验。

»1. 让用户更省心的统一布局设计

方格型网格浏览布局模式

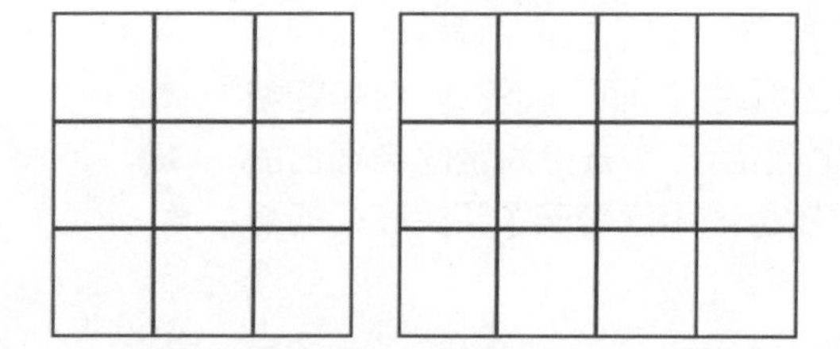

如上图所示，虽然APP中的界面不同，但它们都被统一在了方形网格之中，形成了方格型网格的浏览布局，这样的布局让界面的版式显得整洁而干净。

同时，不同界面采用这种统一的布局模式也能节省用户对界面布局转换视觉适应的过程，让用户在使用APP时可以更加省心与舒适。

»2. 无障碍感的侧边栏式隐藏布局

口袋购物APP还巧妙地运用了侧边栏式隐藏布局去表现比价功能，如右图所示。

比价版块信息可以随时被隐藏与收起又或是打开，这样的设计既不阻碍用户对正在浏览的商品信息的获取，也不妨碍用户对该商品进行货比三家的操作。

将次要辅助信息隐藏同时又能方便获取这些信息，这样的布局很好地将两个相关的信息联系在了一起，且显得主次分明。

侧边栏式比价详情

APP特色» 口袋购物APP囊括各式的商品，可以说它所包含的信息量是巨大的，同时该APP也拥有较为实用的比价功能，而在表现这些信息与功能时，APP采用了合理的布局，进行了界面视觉的恰当设计，让繁复的信息有了简约的展示美，同时也方便了用户对于信息的浏览与了解。

Chapter 06

娱乐休闲类 APP

内容摘要

- 淘宝与京东
- PPTV 与优酷
- 百度糯米与大众点评
- 美拍与微视

滑动解锁

玩转娱乐休闲类 APP

Cancel OK

在了解娱乐休闲类APP之前，首先来了解娱乐休闲的概念，这个概念不仅决定了娱乐休闲类APP的分类与决定了这类APP的视觉设计的方向及思路。对它们进行了解，能为本章后面的详细学习打下理论基础。

娱乐休闲的概念

娱乐——【释义】 欢娱快乐

娱乐的定义是广泛的，它包含了各种比赛和游戏、音乐舞蹈表演和欣赏等各种活动。

休闲——【释义】 可耕地闲着，在一段时间内不种庄稼

休闲是指在非劳动或工作时间，以各种方式求得身心的调节与放松，达到身心愉悦的目的的一种业余生活。

不难发现娱乐其实是一种活动的方式，而当它与休闲结合在一起时，这种活动的目的便在于能够让人们获得心情放松的目的，而这也可以被看作是娱乐休闲的感念。

娱乐休闲APP分类

如同娱乐休闲的概念，娱乐休闲类APP其实就是能让用户获得放松或愉悦的一类APP。它包括了——

购物APP、团购APP → 用户满足物质需求后能获得精神愉悦

影视播放APP → 打发闲暇休闲时光

视频编辑APP → 欢乐DIY新的娱乐休闲方式

娱乐休闲APP视觉设计目的

娱乐休闲APP是为了让用户能够得到放松，同样的道理也运用在娱乐休闲类APP的视觉设计中。其设计目的在于通过视觉元素的排列组合与设计，让用户体会到休闲娱乐，因此界面设计需要——

清晰明了 → 用户使用APP时才能感到轻松与放松

简洁易懂 → 用户才能拥有愉悦的使用感受

作为用户群庞大的两大电子商务交易平台，淘宝与京东分别推出了一款用于满足消费者随时随地线上购物需求的手机客户端（APP），并且这两款客户端皆具备浏览、购买、支付等实用性功能。从视觉设计的角度上来说，这两款APP的设计其实有着很大的共性，它们皆是从把握消费者心理的角度进行设计，好了，接下来就随我一同去看看，这两款APP的设计者究竟是通过怎样的设计，来吸引消费者目光，引发消费者好感的吧！

1. 激发消费者购买欲望的色彩应用

高纯度的红色与橙色，带有极强的视觉刺激性，可快速赢得观众的瞩目，并且从心理暗示的层面上来讲，高纯度红色与橙色会让人们感到心跳加速、兴奋，而这种感觉可刺激冲动型买家的购买欲望。如下图所示，淘宝与京东两款APP的界面用色，便准确把握住了消费者的购买心理。

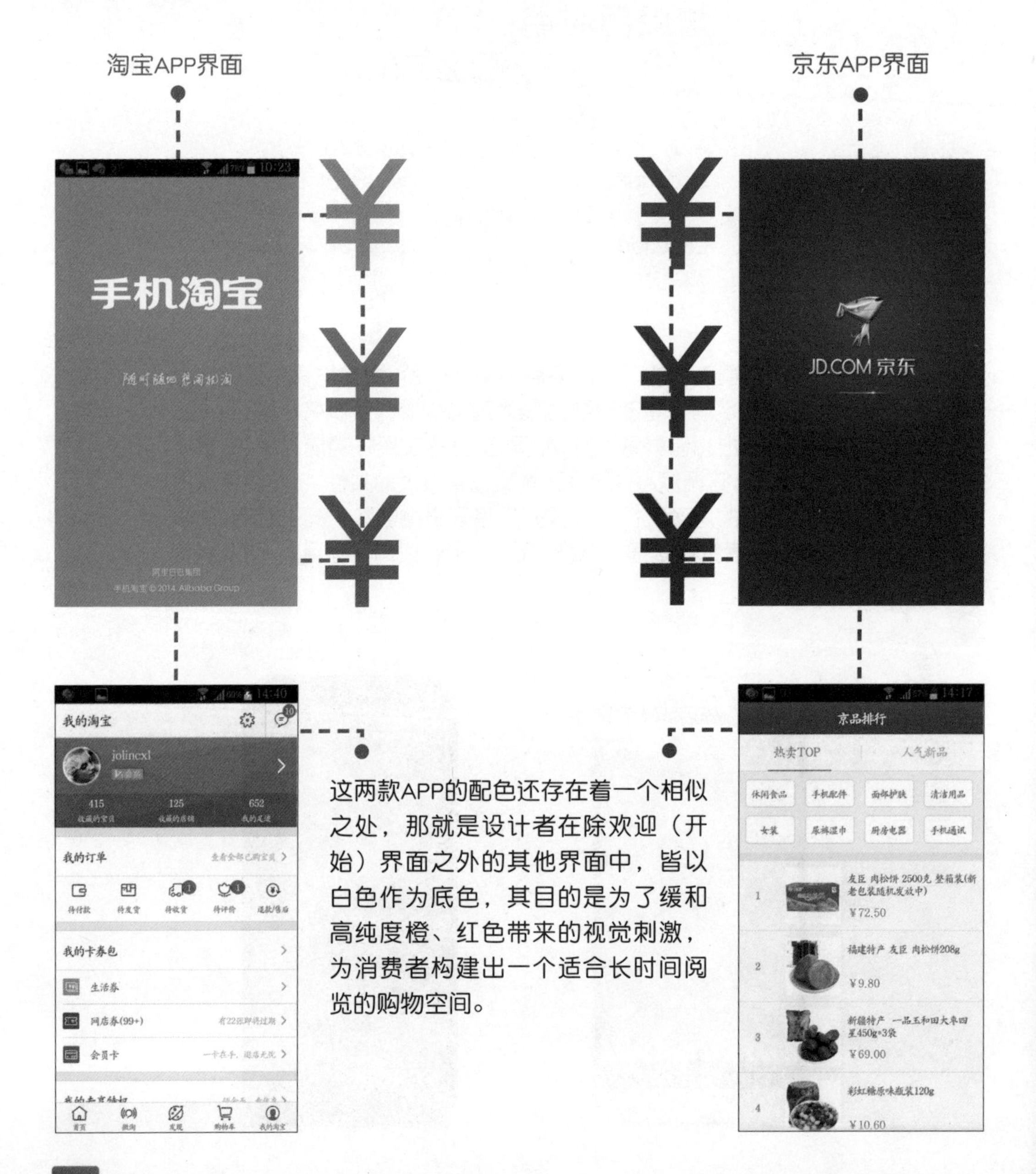

2. 规整且多样的版面切割

在淘宝与京东的APP首页界面的设计中，两方的设计者皆采用了现今十分流行的切割式版面布局。

什么是切割式版面布局？

简单来说，就是将版面切割成多个板块，例如我们前面所讲到的分块构成便是其中一种版面切割形式，而在这里，我们所要讲到的切割型版面主要是倾向于一种综合化的多样切割构成。如左右两侧给出的界面所示，多种切割方式的混合运用，让版面显得规整且多变，这样一来，既能让消费者感受到一种多变的新鲜感，又能清晰且有条理地阅览商品。

综上所述，我们可以看出以上两款软件的主要特点表现为以下两个方面：以高纯度的红色、橙色来激发消费者的购买欲望，以综合化的切割型版面来建立一种既新鲜又富有条理的商品阅览界面。

除了购物以外，看电影、电视剧等也是用户用于打发悠闲的娱乐时间的好方式。因此说到娱乐休闲类APP，我们便不得不提到视频类APP，如PPTV、优酷、土豆等。

毋庸置疑，这类APP肯定都具备播放的功能，而这对于APP的视觉设计而言意味着什么呢？下面我们选择其中两个应用产品——PPTV与优酷，来看看这类APP在进行视觉设计时的注意事项。

曾近有过这样的测试，人们将旅行者分为了两组然后分别让他们进行徒步旅行，不同的是，第一组旅行者知道他们距离目的地有多远，需要行走多长时间，而第二组旅行者则没能获取任何信息，他们不知道要走多远、要走多久、也不知道终点在哪里，有的只是前行。

这个测试最后的结果是：第一组旅行者顺利地到达了终点，而第二组旅行者却都没能坚持到最后。这个测试告诉我们目标对于人们的重要性，而这个道理同样体现在了视频APP的视觉设计之中。

对于娱乐休闲类视频APP而言，其具有播放功能的特点注定了它与进度提示息息相关，根据调查显示人们总是希望能够看到进度提示的，因为充分地理解当前状态或进度，对用户来说至关重要。而视频APP中又有哪些地方是需要使用进度提示的呢？我们可以大致将它们总结为以下三处。

A 视频播放中的进度条提示

播放进度条让用户对视频及其播放情况有了总体的认识与把握

▲PPTV视频APP播放界面

历史播放及其进度提示给用户清晰地展示了观看过或未观看完的视频记录

视频缓存进度提示给用户展示了视频的下载情况

B 历史播放记录及进度提示

▲优酷视频APP中的界面

C 视频缓存进度提示

▲与PPTV下载缓存视频相关界面

如前文所示不论是在PPTV或是在优酷APP中，都会出现进度提示，而除了注意在适当的位置添加适当的进度说明以帮助用户把握当前的视频状态以外，对这些进度提示进行恰当的视觉设计也是清晰表现进度传递信息的关键，下面便通过PPTV与优酷这两个APP的对比来进行详细了解。

1. 图形添加与字号合理的搭配

首先来看看与视频缓存相关的进度提示。除了利用APP中的缓存界面说明视频下载情况以外，通过手机的通知栏，用户可以更加快捷地了解视频下载的情况，也不会耽误用户利用手机进行其他的操作。

也就是说，当在APP中启动视频缓存程序后，缓存进度的提示通常会出现在手机通知栏与APP的缓存界面这两个部分。这两个部分也存在着进度提醒的视觉设计，合理的设计总是能让用户一目了然地了解到视频下载的进度状况。

PPTV

优酷

手机的通知栏中

86.31MB/86.36MB 99%

只有文字说明且文字没有大小的区分，这样的进度提示显得单调也不能突出重点。

缓存中…-24.9%

有时保留重点的进度文字说明，搭配进度图形条，能让用户更加直观地看到下载进度。

APP的缓存界面中

视频总流量

下载速度提示

速度进度条

速度进度条

虽然该界面中包含了进度条及许多信息，但却没有直观的数据向用户表明视频下载的完成率，导致用户对进度的把握不完整。

39.6%

19M/48M

即使同样只有文字说明的进度，但文字上下层次合理的编排，以及字号适当的搭配，也能突出表示进度的重点信息。

2. 突出重点的进度说明

同样的设计道理也运用在历史播放记录的进度提示之中，对于历史播放记录中的进度提示而言，其视觉设计的关键点在于明确表现历史播放的进度，从而起到延续用户的观看记忆的目的。

优酷

进度提示重点不够突出

突出了进度提示重点

所观看的视频名称

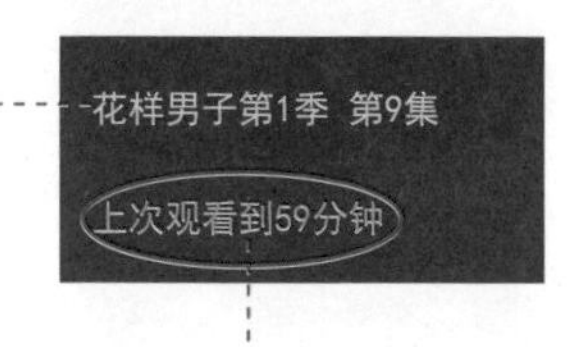

观看进度的文字说明

重播
已看完/13:21

重播 | 下集
已看完/06：35

视频总时长

已观看进度时长

重点提醒

虽然有着颜色的区分，用户可以注意到进度的提示说明。但观看到59分钟代表什么含义？该视频是否已经看完了？这样的进度提示并不能唤起用户观看的记忆与对观看进度的进一步了解。

重播、续播、下集等简要的文字说明起到了进度的重点提示作用，让用户能够直观地了解到视频的播放进度状态。结合视频总时长及已观看时长的提示，用户能够更为全面与对观看记录进行进一步的回忆与了解。

在视频的播放过程中进度提示的恰当设计更是显得尤为重要，其大致可分为自动与可操作性两种提示方法。自动进度能让用户清楚地了解到视频播放的大环境及情况，而可操作提示方法则增强了视频播放的交互说明感。

3. 注意进度条中数据文字、色彩与图形搭配

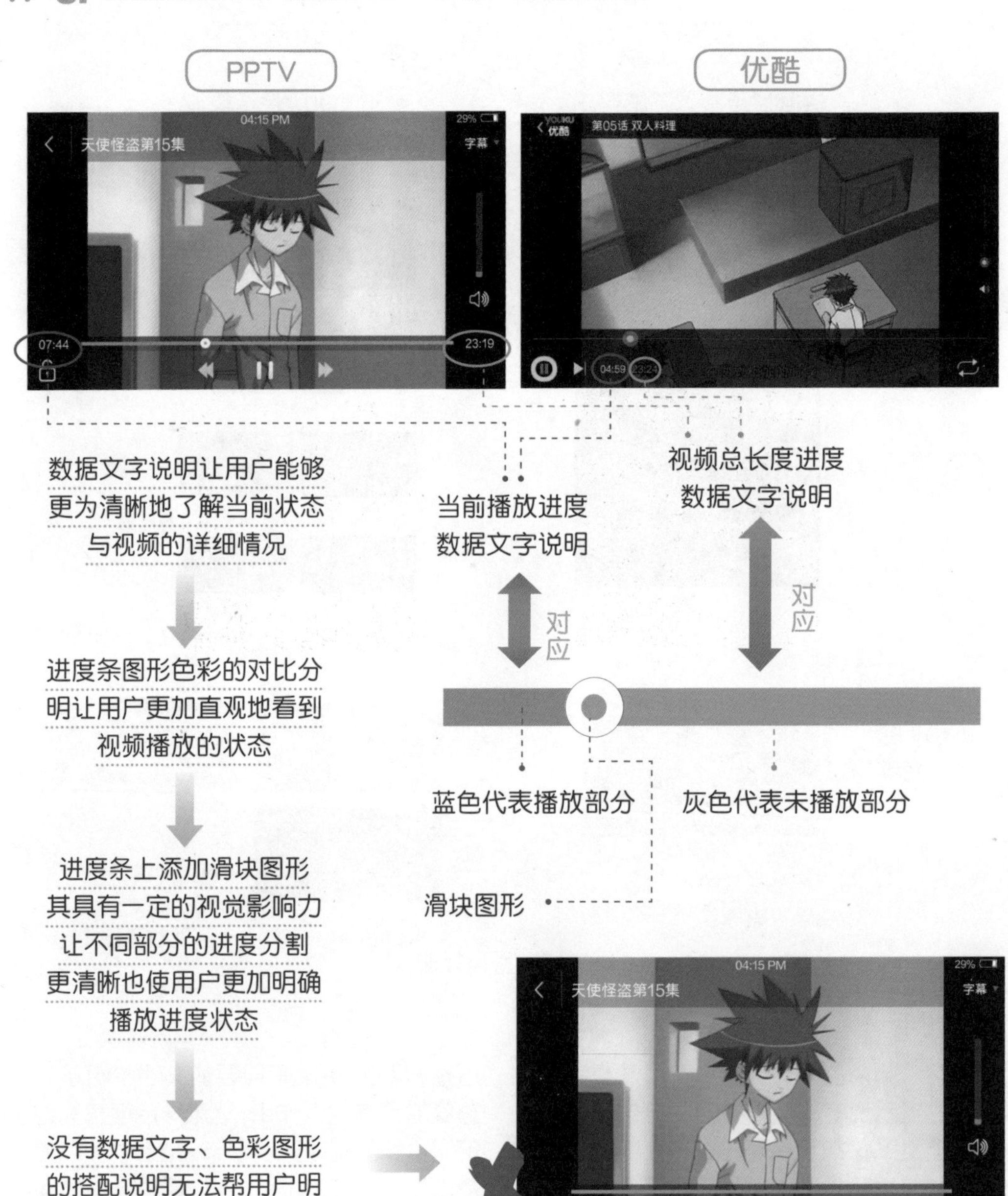

上文所显示的为进度变化的自动提示
数据文字说明等会随着视频的播放而自动产生相应变化
用户可以从中了解到视频的播放进度情况
下面来看看可操作性进度提示的视觉设计注意事项

4. 添加符合交互操作与认知的说明符号

PPTV 优酷

向右滑动操作=视频的快进

利用“加号”表明快进的时间进度符合用户的认知习惯

两个具有向右方向感的三角形不仅表明了交互操作的方向，也组成了代表快进的符号符合用户认知

同样的道理也体现在快退的视觉符号添加之上
向左滑动操作=视频的快退

APP特色>> 通过对PPTV与优酷这两个视频娱乐休闲类APP界面的了解不难发现，进度提示的设置能让用户减少思考视频进度的时间也能帮助用户延续对视频观看的记忆。同时，注意进度提示信息有效地可视化，也能更加便于用户对视频进度的把握。

团购APP无疑也是休闲娱乐时运用得最多的APP，它们能帮助用户省心、省力又省钱地进行娱乐休闲的消费预订。

可以说，团购开启了人们新的购物模式，而在这样的购物模式下，团购类APP又成为了炙手可热的移动应用门类。对于这一门类的APP而言，怎样的视觉设计能更加便于用户查找所需信息从而拥有良好而愉快的团购体验呢？下面通过两款常用团购APP——糯米与大众点评来进行进一步了解。

1. 简洁主色彩与清晰的布局

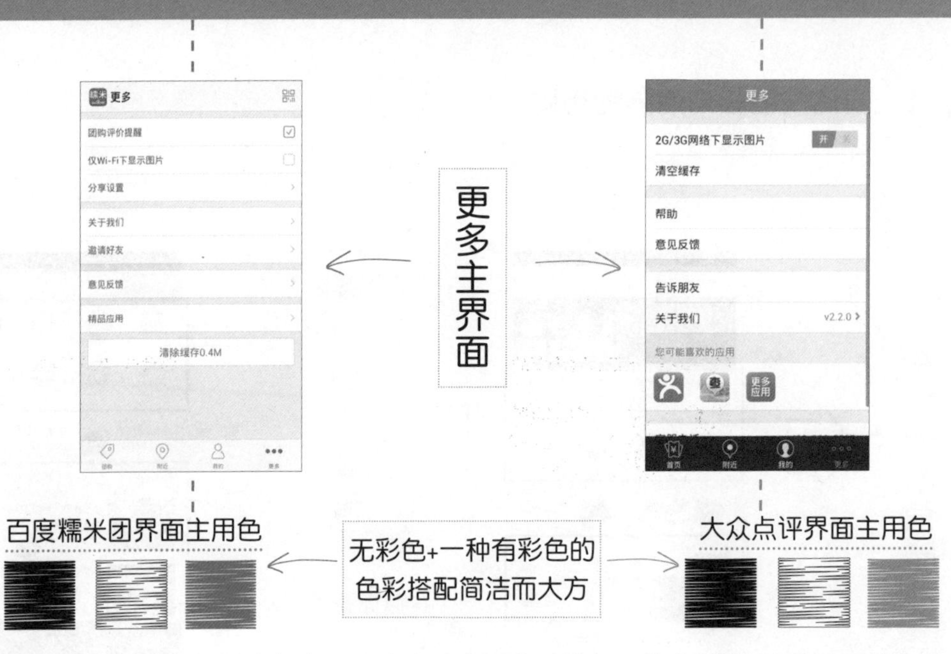

上页中分别展示了百度糯米与大众点评这两款团购APP的主界面，这些界面给你带来了什么样的感受呢？

通过上面的分析不难发现，这些界面都显得较为简洁而清晰。因为团购APP的目的在于让用户能够第一时间获取所需的团购信息，并进行购买，过于花哨的布局与用色只会干扰用户对于团购信息的获取。

2. 让价格与重要抢购信息来得更猛烈

如界面中圈出部分所示，利用APP各自的主色彩点缀价格或其他重要抢购信息，并利用图形的简单装饰，足以使用户能够关注到这些信息。

APP特色»

综上所述，针对团购这一购物方式的特点，团购类APP在进行视觉设计时便需要注意给用户营造一个整洁、简单而能凸显重要信息的环境，让用户能在清晰的信息浏览阅读中感受良好的团购体验。

随着时代的变迁，越来越多的新鲜事物被设计师们层层发掘，也因如此如今人们休闲娱乐的方式也越来越多元化与丰富，其中便不乏一些视频编辑APP，动态记录与“大片”感的轻松制作，充分满足了用户追求时尚、潮流与酷炫的心理。

虽然是视频编辑APP但其目的重在让用户感受娱乐休闲的氛围，因此在设计这类APP时，同样给用户营造一个轻松与欢快的APP使用气氛，下面便来看看这类APP是如何做到的吧。

美拍

微视

1. 让选项更加直观可视化

视频MV化视觉效果模板选择

不难发现，不论是MV化效果或是滤镜化效果的选择，在APP中都采用了直观可视化——也就是视觉效果缩略图的方式给用户提供了制作效果的大致预览平台。这样的方式不仅丰富了界面视觉设计布局的内容与形式感，也让用户在进行选择时，有了直观参考而不会显得盲目。

视频滤镜化视觉效果模板选择

2. 统一的步调用户更容易适应

美拍与微视呈现了两种音乐选择的界面，微视延用了与前面界面布局相似的呈现方式，相对而言，这样统一步调的设计，会节省用户对新界面的适应时间，也保留了APP视觉设计的统一感，显得更为妥善。

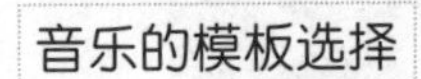

音乐的模板选择

APP特色

综上所述，直观可视化与统一的设计更能让用户感到便捷。而上文案例中所提到的模板其实就是一种省心的设计，打包的设计让用户省去了过多繁复的设计操作，给了用户DIY视频时更加轻松与愉快的环境，与娱乐休闲APP的特点相符，而这种设计思路在第七章中还会详细谈到。

100%

Chapter 07

图像处理类 APP

内容摘要

滑动解锁

玩转图像处理类 APP

Cancel　OK

图像处理类APP指的是对图形图像进行美化、装饰的一类应用产品，其功能类似于在计算机上所使用的Photoshop等图形图像处理软件。

然而如今的智能时代，使得“懒人”越来越多，而对于移动设备的用户而言，他们也并不是全都是设计师，其实他们需要更加便利、快捷与简单的操作，去达成心中所想的目的。此时“模板”的思维模式，便显得十分关键，而这也成为了图像处理类APP的特色，以及在设计时最需要把握的关键点。

1. 什么是模板思维？

文字气泡模板

抠图粘贴场景模板

造型选择模板

色调选择模板

海报拼接模板

海报拼接模板

图像处理类APP其实相当于一款辅助软件，是用户需要在微博或微信朋友圈等产品中晒晒心情状态、分享旅游收获时所使用的一类具有娱乐休闲特点的APP。因此在设计这类APP时，为了满足用户的这种需求，设计师便需要解放用户的大脑，化繁为简，给用户营造一种轻松的APP操作氛围，而模板思维便有利于营造这样的环境。

在Photoshop中，需要通过一个个繁琐的动作，完成图片的装饰操作。

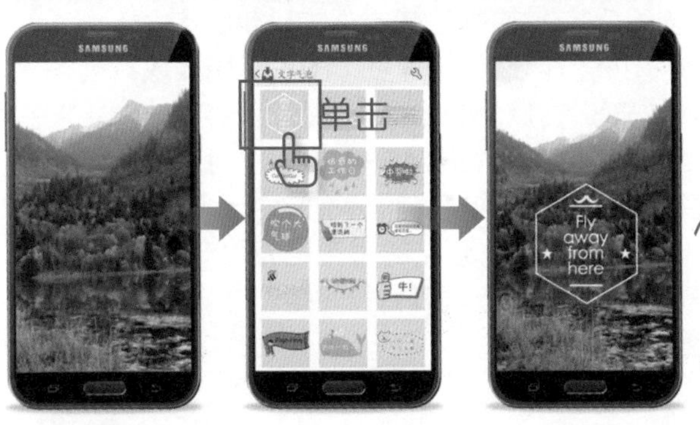

相对而言，将这些动作全部打包形成模板后，只需通过简单的选择、切换、单击等操作便可以完成对图形图像的简单美化与修饰，这样的操作对于用户而言更为便捷。

2. 模板思维的视觉化设计

模板思维中“打包”的概念是图形处理类软件变得更易于让用户使用的关键，而这种思维最终会被可视化呈现在界面中。

设计师们可以根据功能的设定，设计出简单易于操作的各类图像处理模板，如前页中的界面所示，但它们都需要清晰、整洁与明了的表现方式，才能更加便于用户对于图像处理效果的浏览与选择，如右图所示。

可以说，预览与整洁为模板思维视觉化设计的重点所在，而除此之外，图像处理类APP同样存在着其他的视觉设计方法，下面便通过下文讲解来进行具体了解。

可视预览

整洁布局

Cancel Twitter Post

活泼与规整，缺一不可——天天 P 图

118

Account @gt

Location None

天天P图是一款十分出彩的图片美化软件，在该软件的最新版本中，包括了美化图片、人物美容、故事拼图、自然美妆等多个图片编辑板块。对于这样一个注重操作性的APP来说，枯燥乏味的操作界面可能会在一定程度上降低用户的使用兴趣，因此，在设计该类APP的界面时，我们可试着从提高视觉趣味性的角度着手，而活泼风格的塑造不失为一个好的办法，但对于应用丰富、素材繁多的天天P图，规整的编排是为用户提供便捷操作的必要准则。好了，接下来，我们就一同去看看它是怎样让这两个要点得到体现，并和谐共处的吧！

1. 活泼风格的塑造

如右图所示为天天P图的主界面，在整个界面的规划设计中，简练生动的卡通图形、造型活泼的字体样式，以及丰富多样的配色效果，皆在整体风格上相互呼应，而这种可爱风趣的风格定位，则为用户平添了许多操作趣味。

图形化的卡通造型

根据对应图标文字的含义，来进行图形化联想，并绘制出相应的卡通图形，让整个界面顿时变得趣味十足起来。

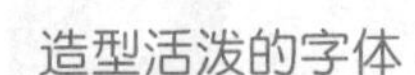

主界面中所出现的三款造型活泼的字体样式，不仅提升了整个界面的趣味性，还对文字板块进行了区分。

丰富多样的配色

丰富多样的配色效果，可快速激发界面的欢快氛围，并且还能赋予界面一种超强的视觉吸引力。

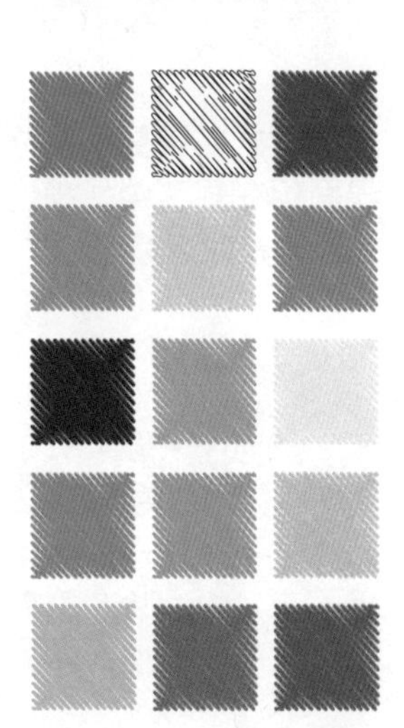

2. 建立重复型网格，让界面内容富有条理

在天天P图APP中，为了便于用户更好地进行美化操作，设计者提供了许多素材与模版供其选择，而如何让这些素材得到充分展现，并且不会给人以杂乱感便是设计者需要着重考虑的。如下图所示，在本款APP中，设计者便借用了重复型网格，让用于展现各种素材的界面显得规整且富有条理。

重复型网格就是将某个版面区域划分为多个大小形态相同的网格区域（单元格区域），并将所需排列的各类视觉元素，分别排放在这些网格当中。

在天天P图APP中，设计者用到了多种形式的重复型网格，从而使整个界面组在规整中显现出更多的变化，同时也是对活泼风格的一个呼应。

APP特色»

综上所述我们可以看出天天P图在整体的视觉设计上注重图形、文字、及色彩这三个方面的呼应处理，并希望通过三者间的结合，为用户营造出一种活泼、有趣的操作氛围，从而在一定程度上提升用户的操作兴趣。除此之外，设计者还通过重复型网格的运用，让大量的美化素材能够和谐共处，从而让用户的选择与使用更加便捷。

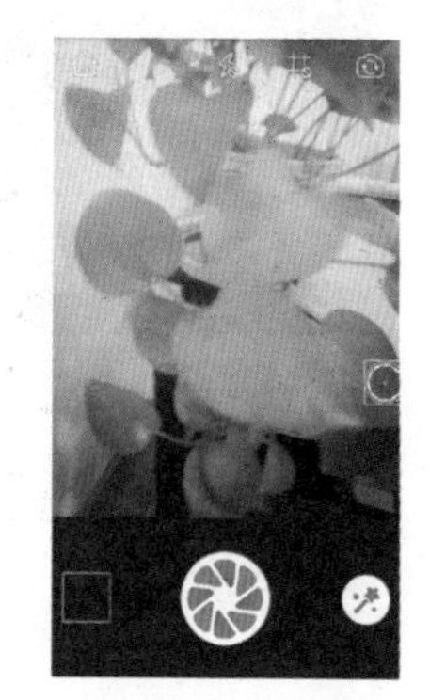

柚子相机是一款号称能把手机变成单反的APP摄影软件，该款软件不仅具备拍摄功能，还具备图片美化功能。如何让这样一款APP从众多同类软件中脱颖而出？毫无疑问是让它具备极佳的吸引力。接下来，我们便看看柚子相机的设计者是怎样做到这一点的。

1. 精致细节之半透明元素的运用

在现今的APP界面设计中，许多设计者越来越青睐于利用各种半透明元素来提升界面的精致感，如下图所示的界面为柚子相机的主界面，在该界面的设计中，设计者便在其中加入了半透明的白色按钮图标来凸显界面的精致美感，并且这样的处理，还能在最大程度上保留背景图片的视觉完整度。

半透明按钮图标——精致美观，背景图清晰可见。

普通色块按钮图标——大众、粗糙，缺乏美感。

2. 精致细节之随机变换的背景图

背景图的种类还有许多哦！

在许多的APP界面设计中，为了提升界面的美感与饱满性，许多设计师会选择一张颇具美感的图片作为界面背景，特别是在图像类的软件中，好的图片运用可提升大众对软件拍摄、美化功能的信赖度。例如，在柚子相机的主界面设计中，设计者便选择了画面优美的图片作为界面背景，但其特别之处在于，软件每开启一次，主界面的背景图片也会随之变换，而这也使得用户在每一次开启软件后，都收获一份惊喜。这一出彩的细节，也是该款APP精致的体现。

3. 精致细节之色调倾向的两种表示法

在拥有美化图片功能的图像类APP中，许多软件会通过改变图片色调的方式来达到美化图片的效果，并且在该功能的界面设计中，设计者一般会通过不同色调图片的展示效果，来列举软件的不同调色功能，从而供用户进行选择。但在柚子相机的设计中，该功能的界面细节相较于其他同类软件做得更加出色，如下图所示，在列举软件的不同调色功能时，设计者采用了两种色调倾向的表示法，从而让一个小小的细节变得更加精致。

APP特色»

综上所述，我们可以做出如下定论：该款APP的视觉设计是通过多处精致的细节处理，赋予软件绝佳的吸引力，而其中最为出彩的三处细节为半透明按钮的设计、随机变换的背景图，以及运用两种方式来展现软件调色功能的效果。

魔漫相机是一款将真人照片处理（拍摄）成幽默漫画的相机，手绘风格的真人漫画会给用户带来一次次意想不到的惊喜！在该款APP的视觉设计中，设计者将一股手绘式复古风潮带到了界面当中，让它与经软件处理后的照片所呈现出的怀旧手绘风格相互辉映。

1. 手绘元素的运用

为了切合APP(魔漫相机)的漫画处理功能,手绘元素的运用是必不可少的,并且手绘元素的加入,还会为界面平添几分怀旧气息,从而提升用户对软件的亲切感。如下图所示的魔漫相机界面中,使用到了多种手绘元素。

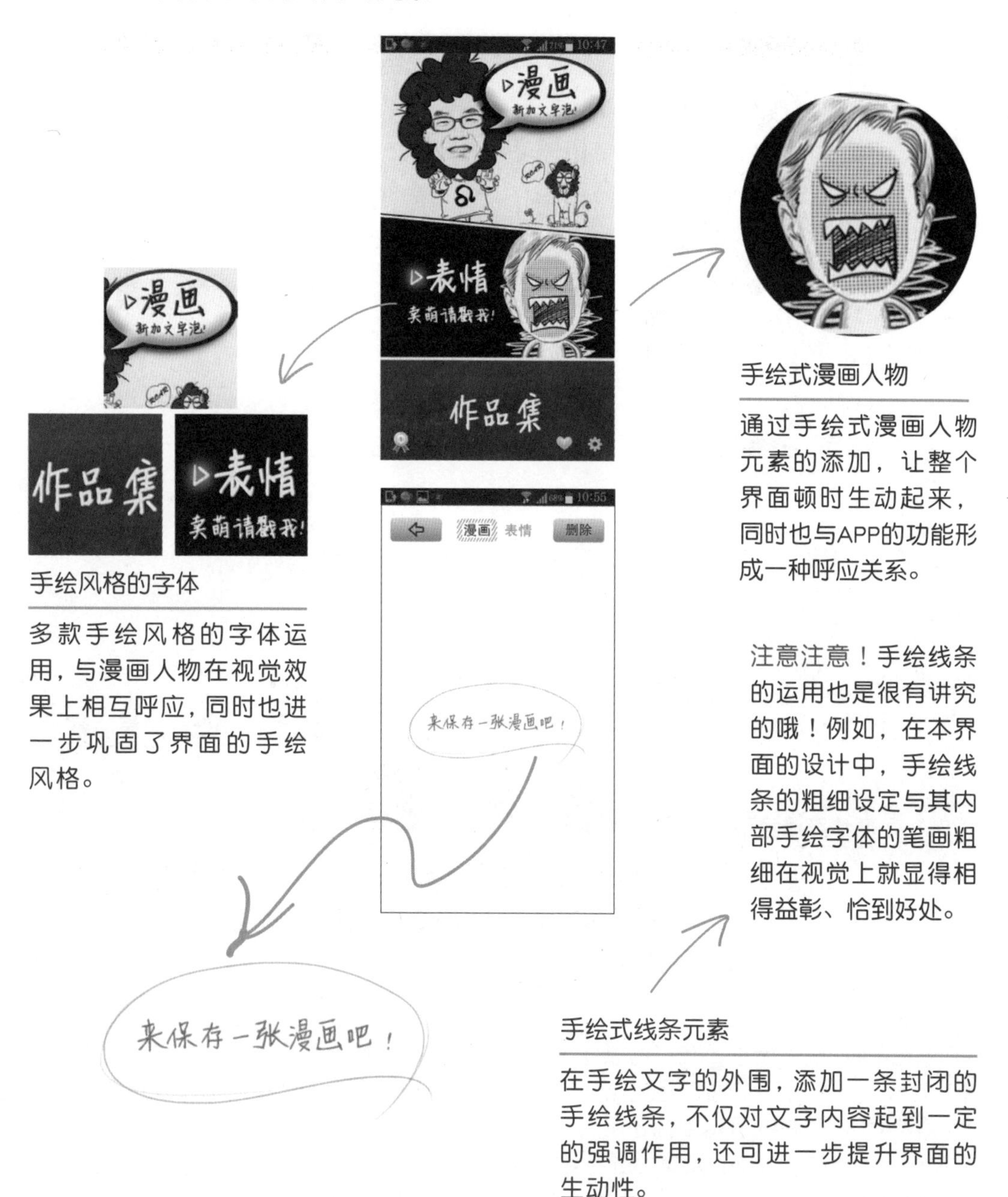

手绘风格的字体

多款手绘风格的字体运用,与漫画人物在视觉效果上相互呼应,同时也进一步巩固了界面的手绘风格。

手绘式漫画人物

通过手绘式漫画人物元素的添加,让整个界面顿时生动起来,同时也与APP的功能形成一种呼应关系。

注意注意!手绘线条的运用也是很有讲究的哦!例如,在本界面的设计中,手绘线条的粗细设定与其内部手绘字体的笔画粗细在视觉上就显得相得益彰、恰到好处。

手绘式线条元素

在手绘文字的外围,添加一条封闭的手绘线条,不仅对文字内容起到一定的强调作用,还可进一步提升界面的生动性。

2. 用色彩渲染复古与怀旧氛围

在复古与怀旧风格的塑造上，魔漫相机的界面设计师除了借助手绘元素的视觉感染力以外，更多的还是通过色彩搭配来烘托这样一种怀旧的氛围。

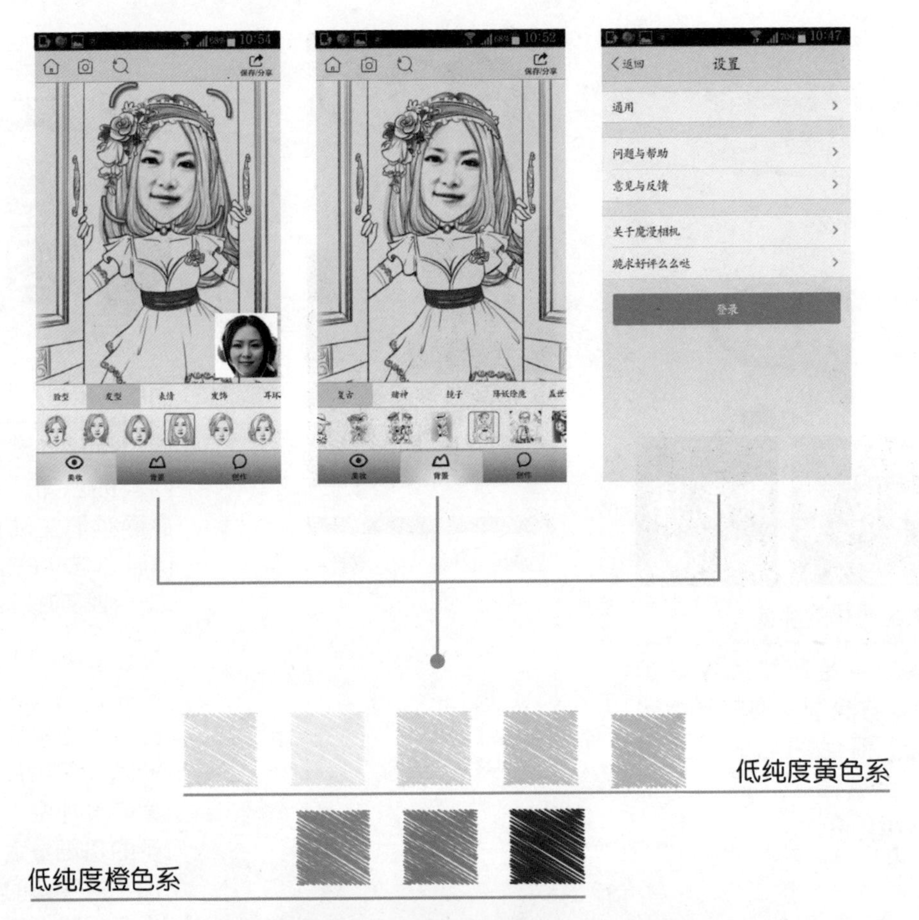

在多种低纯度黄色系与橙色系的共同渲染下，一股柔和的复古风情萦绕在了整个界面当中，与手绘元素配合得相得益彰。

APP特色》

综上所述，我们可以看出手绘复古风是该款软件最大的特色，设计者通过手绘元素的运用与怀旧风格的配色组合来共塑这种风格，并且在手绘元素的运用中，还用到了多种类型的手绘元素来巩固这种风格。而手绘复古风的设定是为了与软件的功能相呼应！

Cancel Twitter Post

要的就是一目了然
——海报工厂

118

Account @gt >

Location None >

海报工厂是一款号称瞬间让图片显得高大上的拼图软件，它的主要功能是用于图片的拼接设计制作，并且软件内还附带了杂志封面、电影海报等各种类型的素材供用户选择。在这样一款功能明确的APP设计中，设计者希望为用户带来最为便捷且流畅的操作体验，因而让整个界面效果趋于清晰、明了，使软件不论是操作区，还是展示区皆显得一目了然。

》1. 通过色彩拉大界面视觉差异

通过色彩来拉大界面的视觉差异，是让界面显得一目了然的方式之一，除此之外，我们还可通过不同的对比配色手法，来达到拉大色彩视觉差异的目的。如下图所示的海报工厂APP界面，使用到了三种不同的配色对比手法。

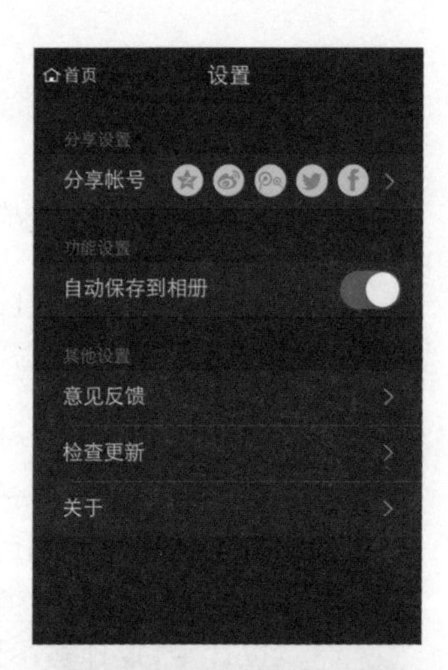

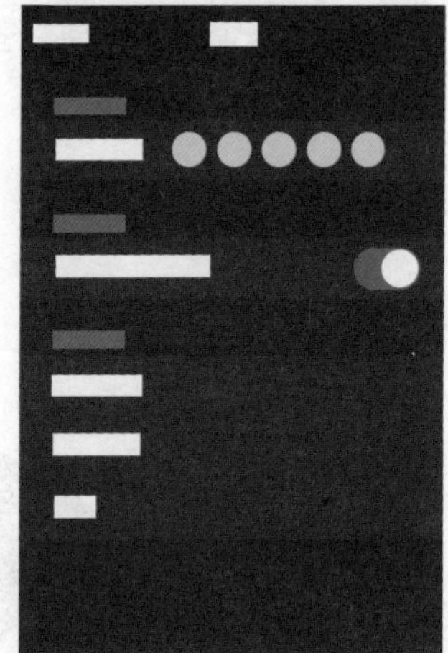

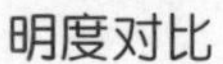

明度对比

明度，即色彩的明暗程度，通过拉大视觉元素在色彩上的明度差异，是拉大界面视觉差异的方式之一，并且以高明度填充的元素会格外突出。

纯度对比

纯度，即色彩的鲜艳程度，通过拉大视觉元素在色彩上的纯度差异，也可达到拉大界面视觉差异的目的，并且以高纯度色彩填充的元素会格外突出。

无彩色与有彩色对比

在大面积无彩色中，加入小面积的有彩色，同样可以塑造出一目了然的视觉效果，并且以有彩色填充的元素会格外突出。

2. 清晰与朦胧的对比

对于一些视觉元素相对繁多的界面来说，如果选择一张清晰度较高、细节明显的图片作为背景，可能会对界面中其他元素的辨识造成干扰，因此，在这种情况下，不妨试着选择一些相对朦胧、模糊的图片作为背景吧！

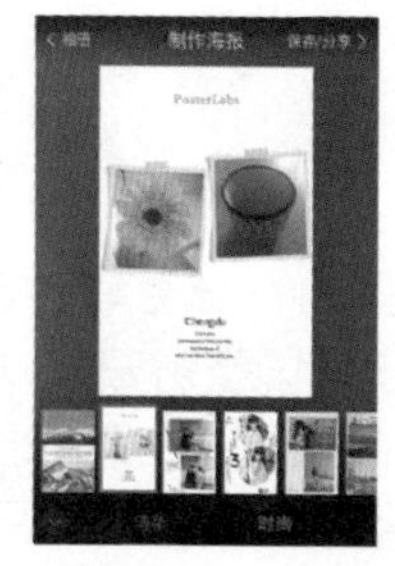

在海报工厂的部分APP界面中，设计者便选择了一些十分朦胧的图片作为背景，来凸显其他视觉清晰的元素，以达到一目了然的效果。

清晰的背景让界面看上去十分杂乱，同时也干扰了用户对图标的辨识！

朦胧的背景让界面中的图标清晰可见！

APP特色

综上所述，我们可以对海报工厂APP的视觉设计做出如下图所示的归纳总结。

明度对比　纯度对比　有彩色与无彩色对比　朦胧与清晰图像的对比设置

对比色的运用

带来一目了然的视觉效果

美咖相机是一款全免费的照片拍摄与处理软件，该款软件最大的特色为人物美化功能，并号称其美化效果相当于韩国整容归来，从而使得该款软件一经推出，便赢得了广大年轻女性的青睐，不仅如此，该款APP的视觉设计也牢牢地抓住了主要受众(年轻女性)的喜好。好了，接下来，就请随我一同去看看它是怎样做到的吧！

1. 曲线元素体现女性柔美气质

对于大部分男性群体来说，他们更青睐于一些看上去棱角分明、利落干脆的元素形态，但与之相反的是，大部分女性群体更偏爱一些看上去柔美、圆滑的元素形态。因此，为了迎合女性群体的喜好，美咖相机的设计者便在APP的界面设计中，添加了大量形态柔和的曲线形元素。

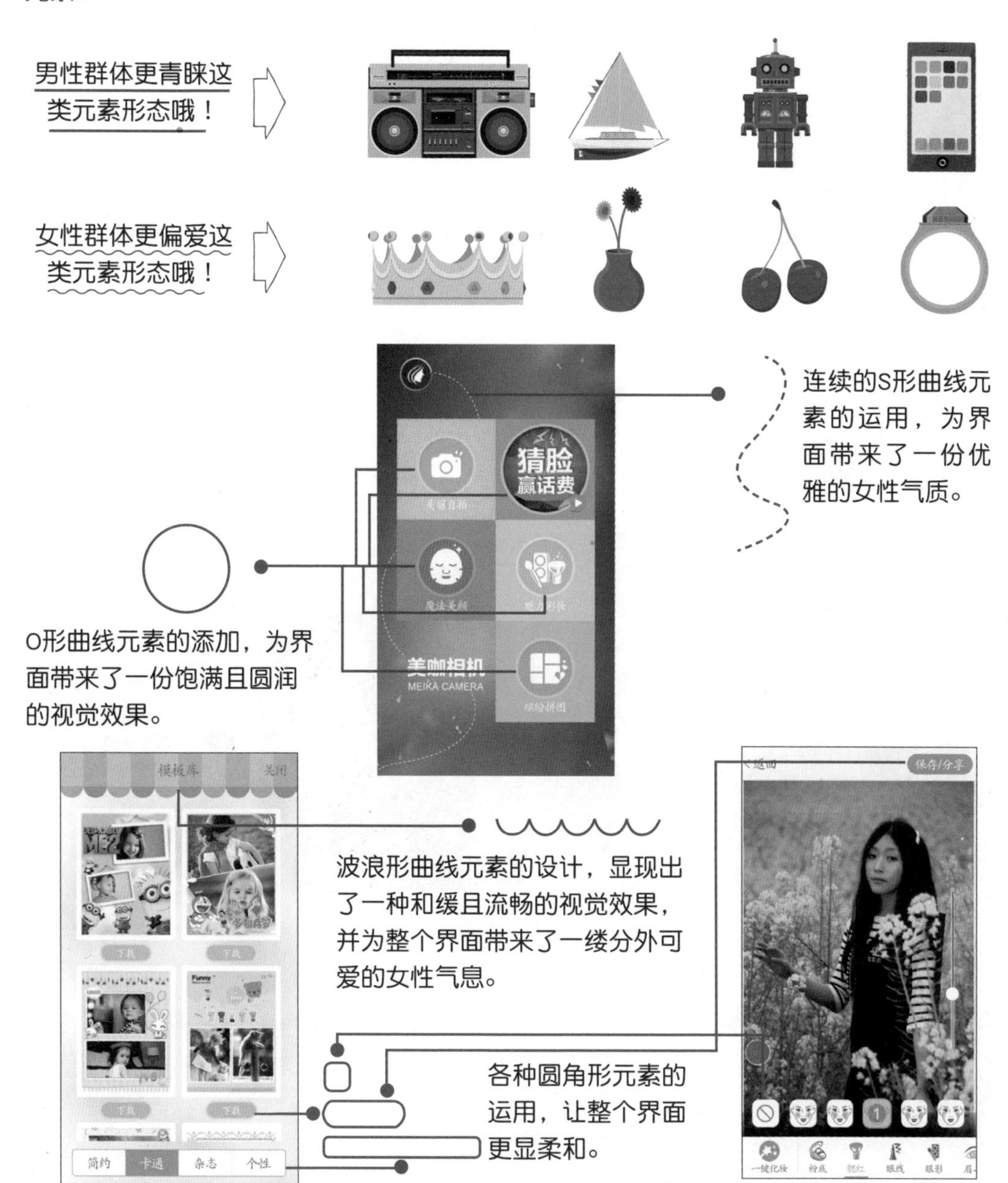

2. 赢得年轻女性青睐的配色组合

一般来说，红色系与紫色系是最具女性特色的两大色系，并且这两种色系也深受大多数女性的喜爱，而对于相对年轻一些的女性来说，她们更青睐于一些纯度、明度较高的红、紫色系，除此之外，这类女性还青睐一些色调相对淡雅、明丽的配色组合。如下图所示的美咖相机APP界面，设计者在配色上便牢牢抓住了年轻女性的喜好。

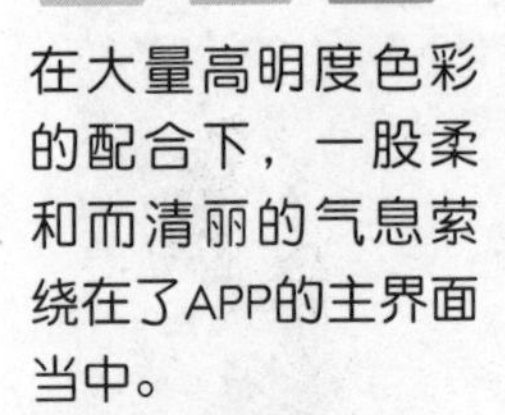

在大量高明度色彩的配合下，一股柔和而清丽的气息萦绕在了APP的主界面当中。

在美咖相机的其他操作界面中，白色与多种低纯度粉红色奠定了界面的整体视觉基调，这样的配色，表现出了一种来自于年轻女性的柔情与俏丽。

APP特色

综上所述，我们可以看出该款APP的设计者主要通过柔和的曲线形元素的运用，以及淡雅色系的营造，来吸引年轻女性的关注，从而让这款APP备受该群体（主要受众）的喜爱。

100%

Chapter 08

学习办公类 APP

内容摘要

多邻国

法律博士

考驾宝典

金山词霸

滑动解锁

玩转学习办公类 APP

Cancel OK

学习办公类APP的主要作用是给用户的学习与办公提供帮助，并起到一定的辅助作用。这类APP是学习类APP与办公类APP的总称，之所以将它们归纳在一起，是因为学习与办公属于同一种生活方式，而它们恰恰与娱乐休闲的生活状态相对。

如果说娱乐休闲是一种让身心得到愉悦与放松的生活方式，那么学习与办公时人们便会处于一种相对紧张的氛围之中，并会遇到这样或那样的困惑。

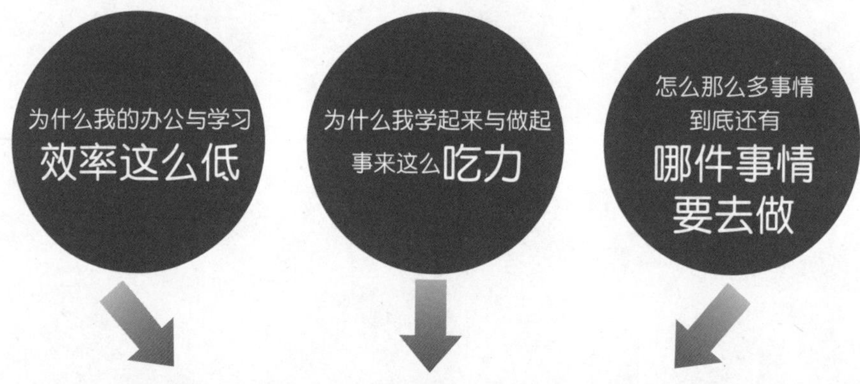

以上所示的为用户在学习与办公中通常会遇到的困惑与困难，其实我们也可以将它们看作是用户的一种需求。在创建学习办公类APP时，可以通过一些设计去解决用户的这些困惑，并满足用户的需求，这便形成了这类APP的设计总思路。

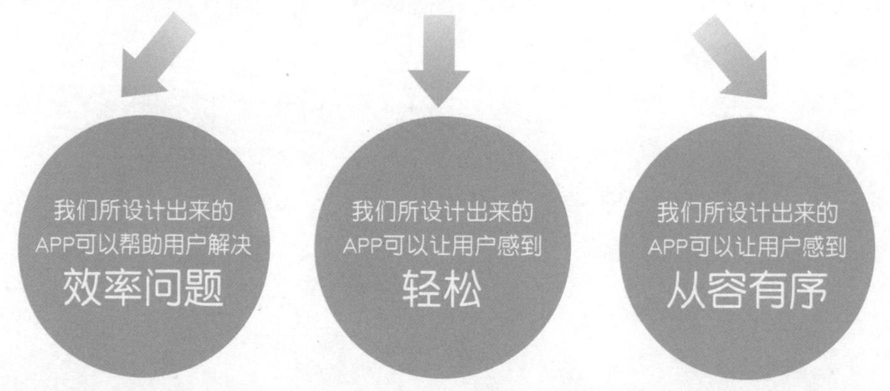

综合上文，在创建学习办公类APP时，除了功能的设定要符合用户的需求以外，整洁与有趣的界面视觉设计也是缓解学习办公紧张情绪、提高学习办公效率、让用户头脑清醒的好方法。下面便通过具体的APP来进行详细的了解。

多邻国，一款热销全球的学外语神器，《华尔街日报》曾这样评价它——遥遥领先的最佳免费语言学习APP。多邻国是一款颠覆传统学习类APP的软件，当用户在使用该款APP学习外语时，能有一种宛如游戏般的学习体验。用四个字来概括该款软件的学习模式，那就是过关挑战。不错，该款软件的设计师采用了多种设计形式来展现出一种趣味性十足的过关挑战流程，让用户可以边学边玩。好了，接下来就和我一同去看看多邻国的设计师究竟用到了哪些设计形式吧！

1. 图形反馈的生动与直观性

在多邻国软件中，图形反馈的设计可谓是一大亮点。你也许会问，什么是图形反馈？图形反馈在这款APP中的实际用途是什么？简单来说，图形反馈就是通过图形提示，将某种结论信息反馈给用户，相较于一般的文字提示，这种设计手法可让软件的信息反馈显得更加生动且直观。

接下来，我们列举出多邻国软件中使用频率较高的图形反馈形式。

图形反馈形式一：生命值反馈

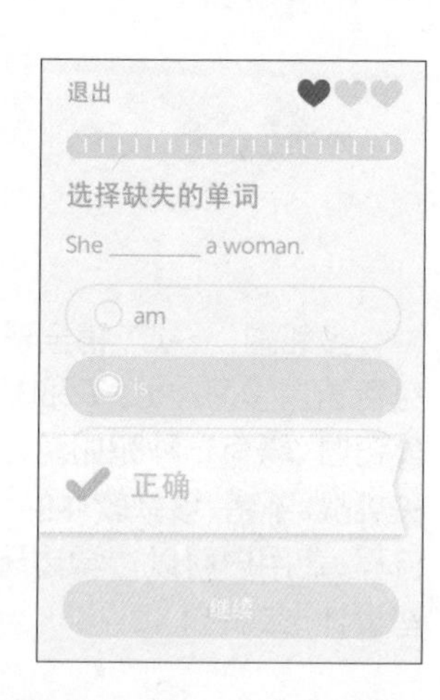

在游戏类APP中，生命值是一个不可或缺的重要构成，其存在的意义是将玩家在游戏中的生命力，通过各种量化形式反馈给玩家。

在多邻国软件中，为了模拟出一种类似于游戏中的过关挑战流程，设计者也融入了生命值这样一种构成要素，并且采用了爱心图形来作为生命值反馈的载体。

从“生命”的本质开始联想……

联想到了心脏，一个衡量生命体征的重要器官……

以爱心图形来替代心脏器官……

以红色爱心表现跳动的心脏，代表现有生命值。

以灰色爱心表现停止跳动的心脏，代表失去的生命值。

图形反馈形式二：进度值反馈

在多邻国APP中，设计者为了将用户的通关进程（课件学习或测试进程）实时反馈出来，特意设计一款形态简洁的圆角形进度条与阶梯式进度条来展现通关进程的实时进度。

当圆角形进度条走完时，即表示完成通关（完成测试）！

当橙色进度条走完时，即表示完成通关（技能巩固完成）！

图形反馈形式三：对错反馈

从本质上来说，多邻国APP由大量的习题所构成，既然是习题，那么就有对错之分。因此，为了对用户在做习题时的对错信息进行反馈，设计者特意设计了一组外形圆润的对错图形符号（勾叉图形符号）。

在大众的印象中，错叉符号一般具有错误、否定等负面含义。

在大众的印象中，对勾符号往往代表着正确、肯定等正面意象。

图形反馈形式四：综合信息反馈

前面我们所讲到的三种图形反馈形式皆是对单一信息的反馈，接下来，我们所要讲到的图形表现形式，是为了对多种信息进行反馈，我们暂且将其称之为综合信息反馈形式。

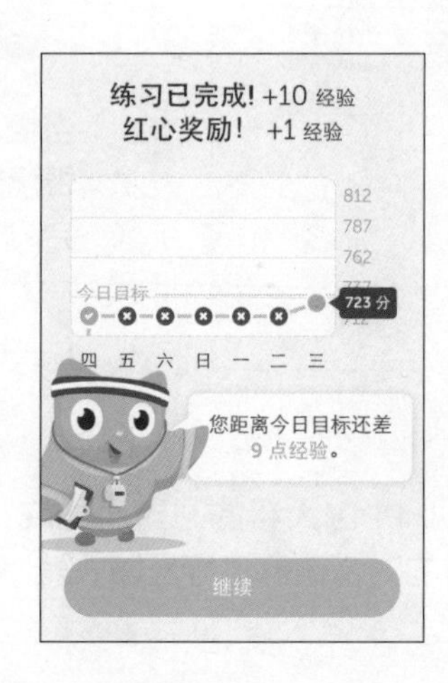

在前面我们所列举的这两个界面中所出现的这种图表图形，主要反馈了三个方面的信息：1.用户每日的得分情况；2.用户每日的目标达成情况；3.用户一周的学习情况。

2. 以橙色象征胜利与喜悦

在多邻国软件中，当用户在完成某项技能的全部测试以后，原本彩色的图标会转变成单色调的橙色图标。从视觉上来说，设计者之所以做这样的设计，是为了借用橙色所特有的欢快意象，让用户在喜悦的氛围中迎接胜利。

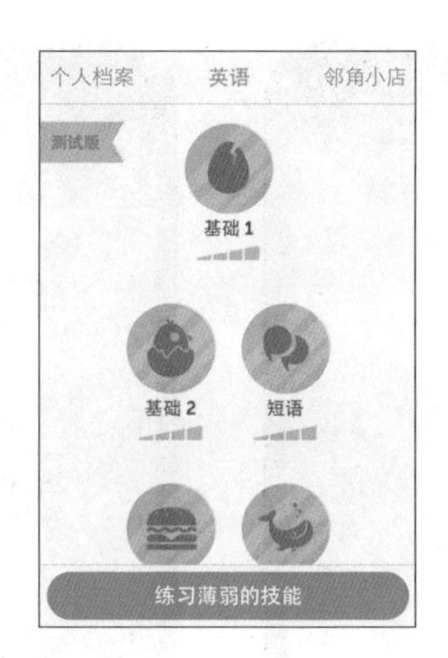

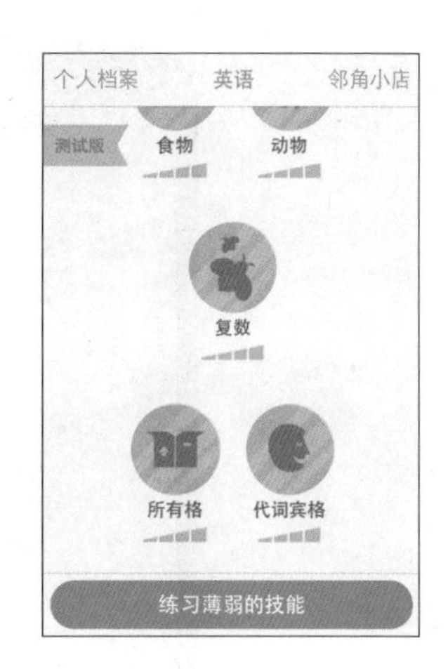

APP特色

综上所述，我们可以看出，本款APP的特色主要表现在图形反馈这种设计手法的运用上，并且为了提升整个界面的生动性，设计者还用到了多种形式的反馈图形。除此之外，恰当的用色也让用户在“过关挑战”中感受到胜利的喜悦。

法律博士是一款号称史上最全的法律自助问答库。该款APP操作简单便捷，用户可以根据自己在法律上的疑难困惑，进行自助查询。对于这样一款APP，严肃性（提升用户的信任感）与多元化（体现软件中的法律条文的齐全度）的体现无疑是其在视觉设计上的两大关键要点，对此，法律博士的视觉设计师制定出了一套完善的设计方案。

>> 1. 彰显法律严肃性的用色方案

从某个角度上来说，严肃性其实就是理性感与稳重感的混合体现。在前面的章节中，我们已经详细概述了蓝色是表现理性情感的最佳用色，而稳重感则可以通过低纯度、低明度的用色来取得。

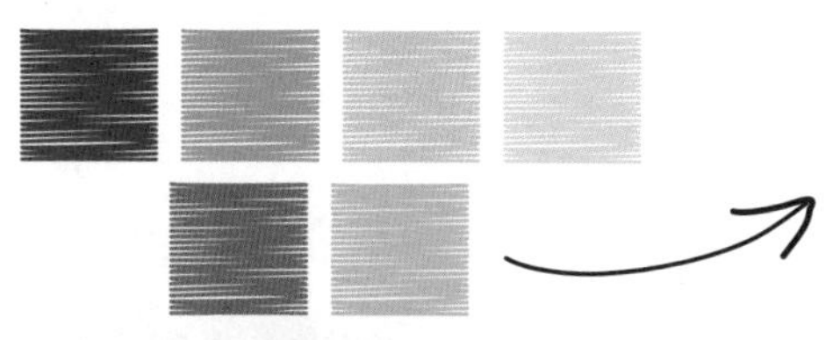

注意注意！少量橙色的加入，是为了给界面增添几分正能量，让人相信法律的力量！

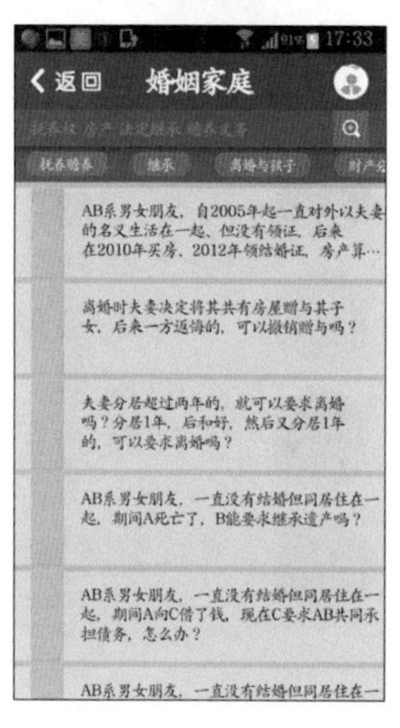

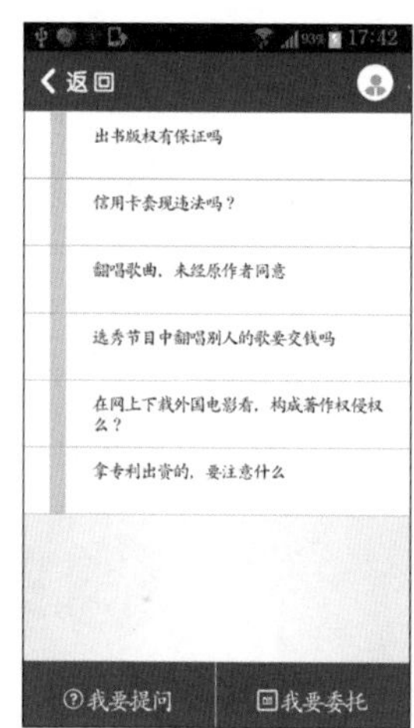

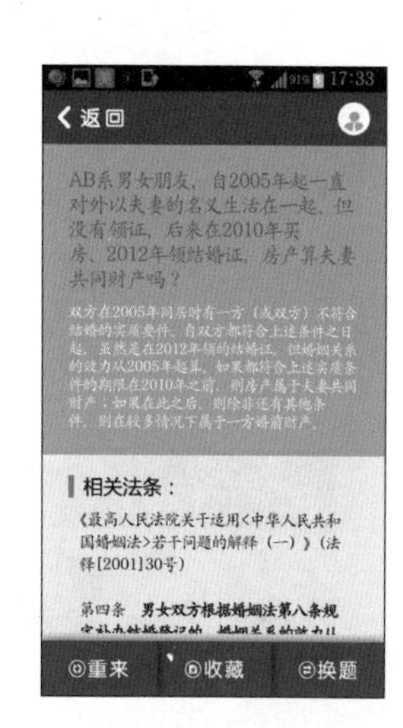

>> 2. 渐变配色带来的多样性视觉

在右图所示的法律博士的APP界面中，设计者将界面划分为了六个板块，并为每个板块填充上了六种不同的配色。

仔细观察整组配色，你会发现六种色彩按照从上至下（从下至上）的顺序，展现出了一种明度与色相混合渐变的视觉效果，其目的是利用渐变配色所带来的丰富且多样的视觉变化，来体现法律条文的多元化印象，目的是以多元化印象来体现本款软件中法律条文的齐全与多样性。

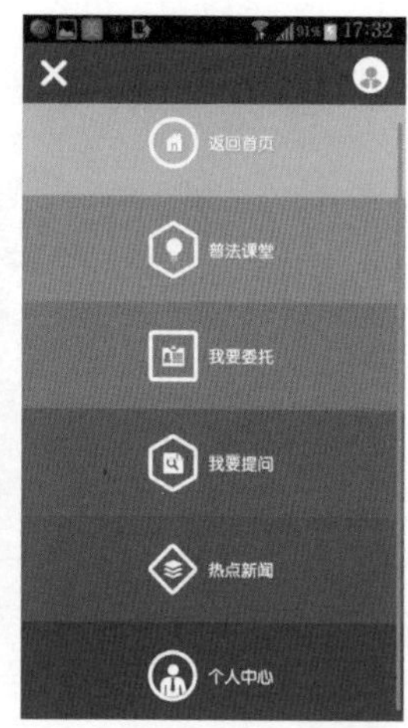

3. 多边形元素的巧用

一般来说，我们会将边线在四条以上的几何图形称之为多边形。从视觉表现上来说，多边形往往会带给观者一种多元化的印象，而这种印象恰好与法律博士APP的设计要点相契合。

在法律博士APP的普法课堂分类界面中，设计者选择了正六边形作为基本的构成要素，从而赋予界面多元化的印象。

APP特色>>

根据前面我们所讲到的内容可以看出，对于法律博士APP来说，严肃性与多元化印象的塑造可谓是相当成功。简单总结，设计者利用了三种配色形式来分别体现严肃感与多元化印象，并同时配合六边形元素的运用，让多元化印象得到进一步巩固。

随着人们生活水平的提高，在驾校练车场的学车族也越来越多，而考驾宝典APP便是为这类群体所研发的。该款APP全面解读了最新全国驾驶员的题库，通过章节练习、强化练习等多维记忆与训练方法帮助驾校学员熟悉并加强对交通法规的理解。对于这样一款APP来说，出于对用户日后行车安全的考虑，设计者的首要任务是为用户创设一个良好的学习环境，何为良好的学习环境？在我看来必须要做到3大要点：1.让用户可以静下心来学习；2.提高用户的安全意识；3.为用户建造一个有条理的学习流程。

»1. 安静与安全——两者并重的色彩搭配

在前面的软件导读中，我们已经对本款软件的设计要点进行了总结，为了达到前两个设计要点的要求，设计师试着从配色的角度着手。接下来，就同我一起去分析设计师究竟是怎样用色的吧！

从色彩的性格上来分析，蓝色系与紫色系最具备安静的气质。

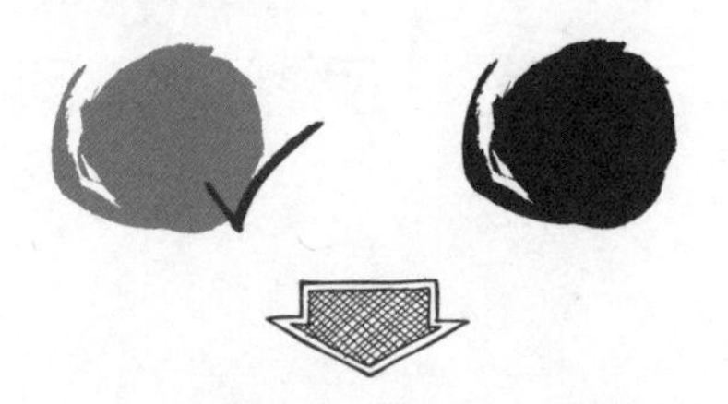

从安全感的表现上来说，蓝色比紫色更胜一筹。当然最好选择纯度与明度适中，抑或是低纯度且明度偏高的蓝系色彩，从而避免纯度过高带来的刺眼视觉（打破界面平静），以及纯度与明度过低带来的压抑氛围。

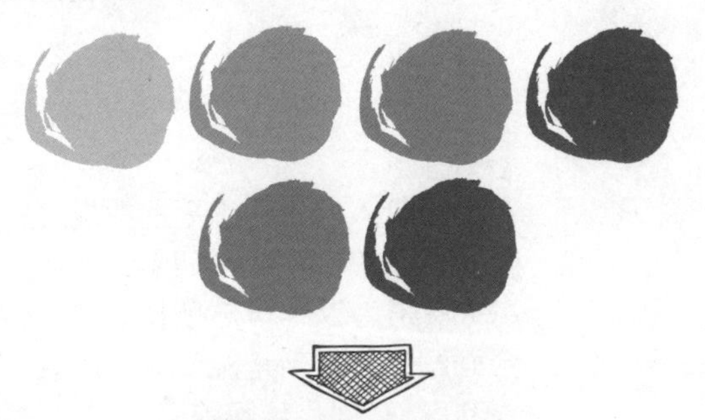

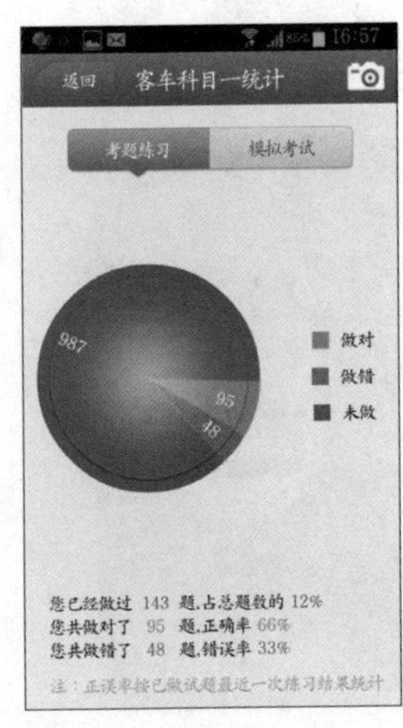

2. 注重秩序与总分关系的编排

在考驾宝典APP中，为了让用户的学习流程更加富有条理，设计者在以下列举的两个主要界面的编排上花了许多心思，简单来说，就是通过前后顺序的梳理与总分关系的表现，来帮助用户有效区分学习的先后顺序。

注重秩序的编排

遵循人们的阅读习惯

如左图所示界面，设计者按照人们日常的阅读习惯，将六个学习项目按照从上至下的顺序进行编排，从而帮助用户理清学习流程。

添加数字标记符号

如左图所示界面，为了进一步表明阅读的先后顺序，设计者将对应的数字标记，编排在相应的学习项目上。

注重总分关系的编排

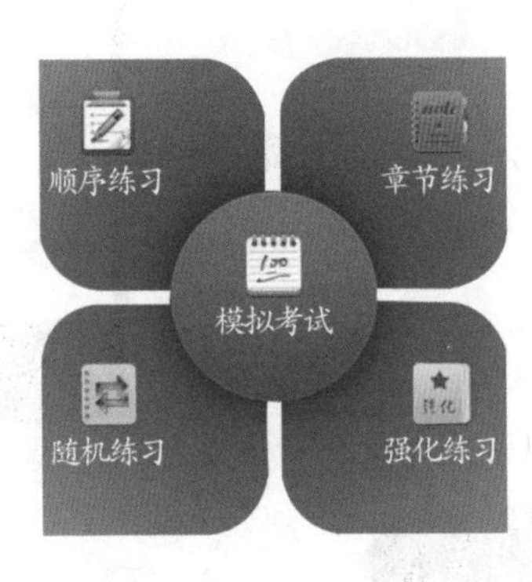

总分式信息结构

在左图所示的界面中，出现了一个类似于花卉形态的信息结构框架，而这样的设计可直观表现六组项目的总分关系，让用户不由自主地先进行分支练习，最后再进行模拟考试。

综上所述，我们可以看出本款软件的主要特点表现为以下两个方面：以明度及纯度恰当的蓝系色彩来打造一种安静且能引发人们安全意识的视觉环境，并通过秩序井然、总分关系明确的编排设计，让用户的学习阅读更加流畅。

金山词霸是一款专注于检索与翻译不同语言词汇的学习办公类常用APP。对于学习陌生的词汇而言，人们总是会感到害怕、恐惧或是抗拒，而如果在对APP进行视觉设计时，通过一些美好的视觉元素调节用户的这种心态，能让用户在获得学习乐趣的同时，也让APP变得更受欢迎。

1. 滑动换图体验治愈的视觉感

金山词霸学习办公类APP，采用了图片——这一美好的视觉元素去调节用户对于学习的抗拒心态，如下图金山词霸APP的查词界面所示。

现象分析 在查询界面中，如果只出现查询框部分界面会显得较为单调，此时，设计师便很巧妙地加入了图片元素。

优点体现

1.丰富与饱满了界面布局

2.较为治愈的图片内容与高质量带给用户美好的视觉享受

3.治愈感让用户提升了学习办公的兴趣

界面中添加的图片元素会随着日期的变化而变化，此时只需要通过简单的横向滑动手势操作，便可以对图片进行浏览与欣赏，简单的操作也能让用户获取愉悦而轻松的学习办公心境。

2. 配套的肤色处理带来“彩虹”体验

通过上文所展示的界面不难发现，界面中图片的变化也带来界面肤色的对应变化。“肤色”其实就是APP的主色调，图片色调与APP主色调的对应更改让APP整体的色调显得更加统一，如下图所示。

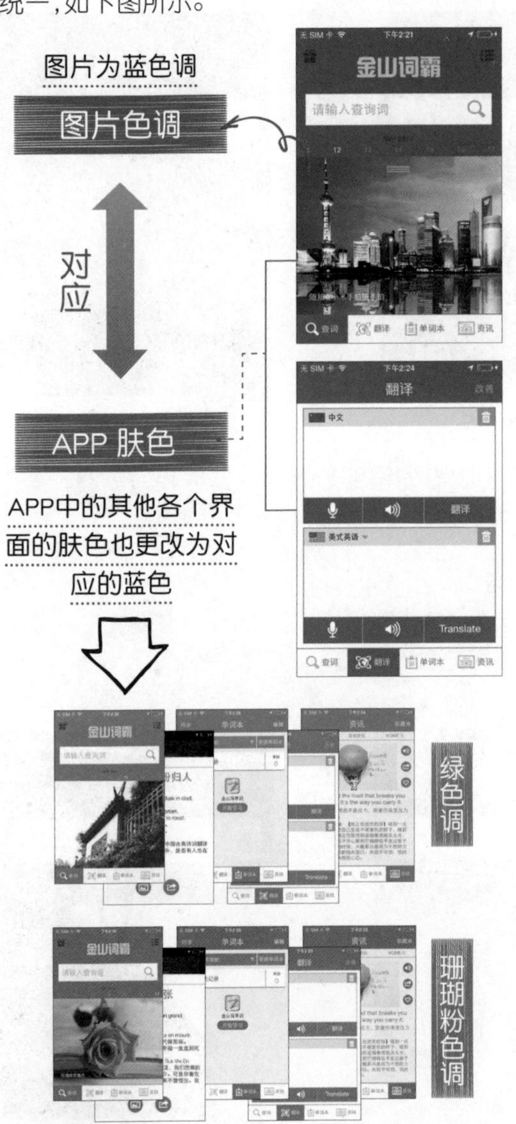

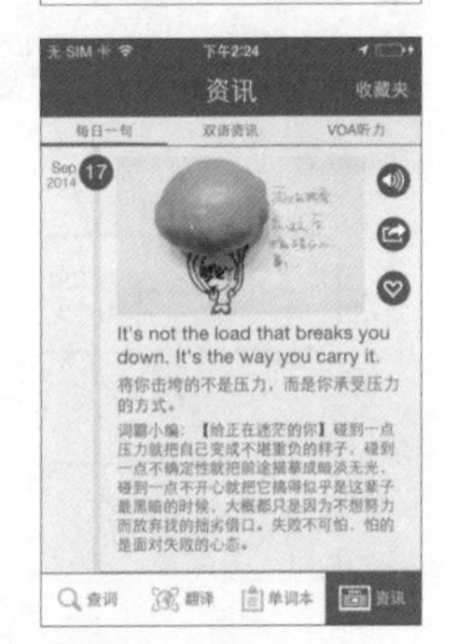

肤色的配套改变给用户带来如同彩虹一般的愉悦视觉体验，在这样的环境中学习与办公会变得更加欢乐。如同金山词霸APP的介绍说明一般：“心情如同颜色，把生活装点成彩虹般绚烂。”

APP特色>> 轻松的操作+美图的穿插+七彩的颜色，这些元素与设计营造了一种轻松的学习办公氛围，它们是金山词霸APP的设计特色，也是让用户获得愉悦心情的关键点。

100%

Chapter 09

游戏类 APP

内容摘要

宠物之家与 Pet Doctor

万圣节恐怖大厦与逃离大厦

雷电 2014 与烈焰战机

数独与方块数独

滑动解锁

玩转游戏类 APP

Cancel OK

游戏类APP可以说是APP移动应用的一个独立的大门类，也是APP应用设计的重头戏。许多调查数据显示，在各种APP应用市场中，下载量与关注度最高的便为游戏类APP或娱乐休闲类APP。

这一现象的产生或许与人们的生活状态密切相关，学习工作的压力让人们希望能够有更多的时间去轻松玩耍，此时游戏类APP成了人们娱乐放松的好帮手，同时它也是很多用户打发闲暇时光的必备武器。而关于这类APP的视觉设计而言，也有着一定的设计特点。

风格主题营造游戏气氛

风格主题的鲜明可以看作为游戏类APP较为重要的视觉设计特点。风格主题不仅统一了整个游戏APP视觉设计的方向与步调，也营造了符合游戏设定的氛围，让用户感受到不一样却相对统一的游戏体验。

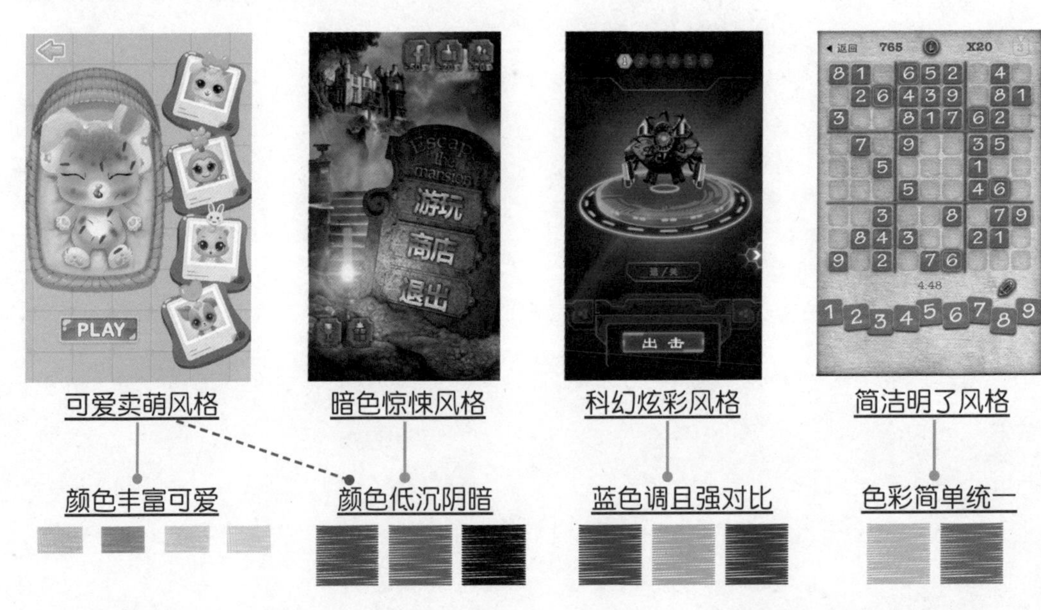

风格主题决定了游戏的定义与用色等，如上图所示，比如当确定了游戏需要制作为可爱卖萌风格时，则可以选择一些丰富而艳丽的色彩，让色彩的情感与游戏的主题风格相吻合，从而营造一种可爱的游戏氛围。试想如果将低沉阴暗的配色放在可爱卖萌风格的游戏APP中，不仅会让用户产生视觉的不协调感，也无法让用户很好地理解这款游戏的定义。除此之外，还有什么影响了游戏APP的视觉设计呢？通过下文来进行进一步了解。

宠物之家与Pet Doctor是两款适合儿童群体操作的游戏类APP。这两款APP在视觉设计上主打可爱卖萌风格，其目的是利用这样一种界面效果来赢得该主要受众（儿童）的青睐。接下来，就一起去看看这两款APP的设计师是采用何种设计手法构建出可爱卖萌的游戏操作空间吧！

1. 以配色打造可爱卖萌风

在宠物之家与Pet Doctor这两款APP的界面配色上，设计者皆采用了近似的配色手法来渲染一种可爱卖萌的视觉风格，接下来，我们将对这种配色手法进行解析。

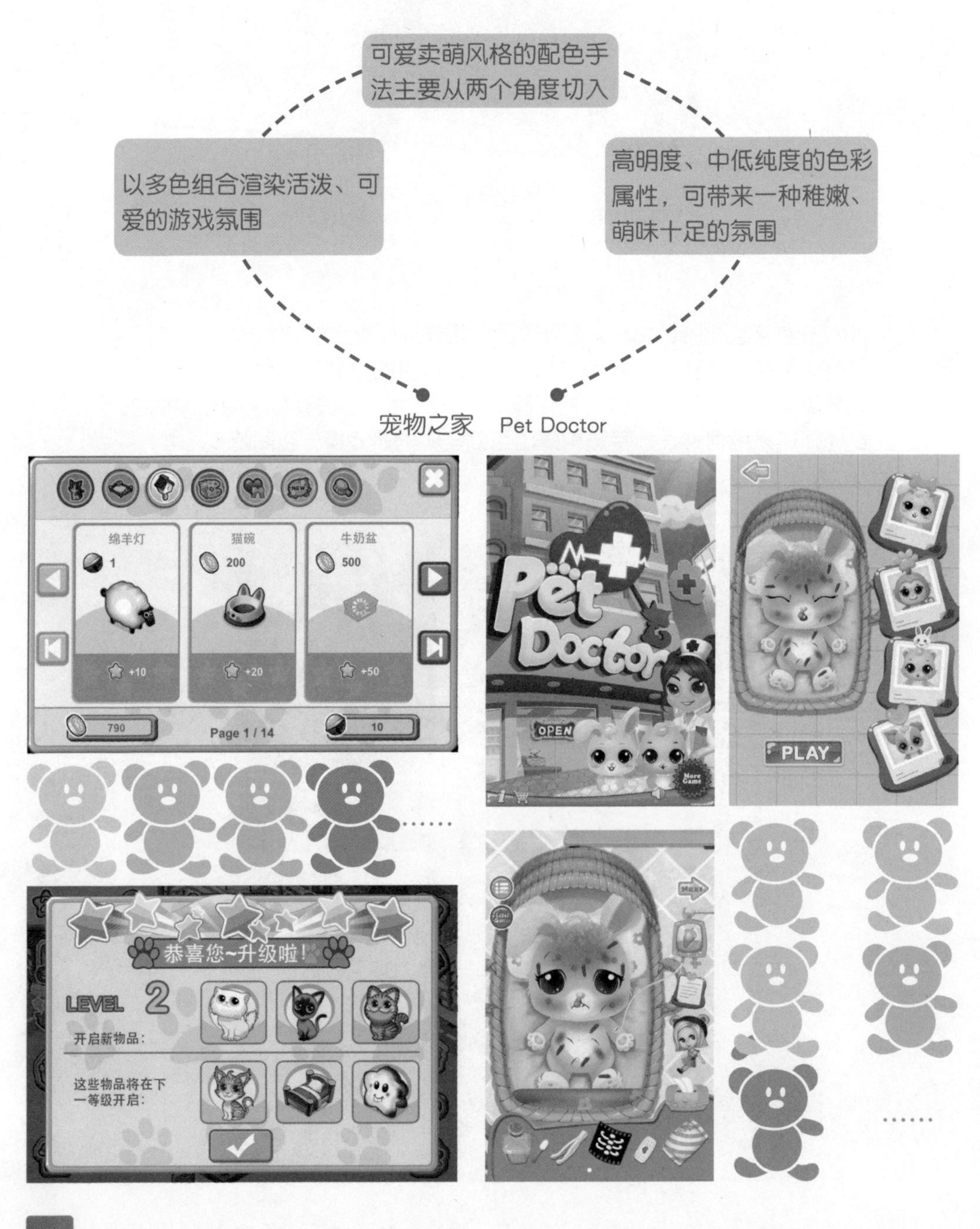

2. 大眼动物的卖萌表现

在宠物之家与Pet Doctor这两款以儿童群体为主要受众的APP设计中，设计者皆选择了动物作为游戏对象，玩家需要通过不同的操作，对游戏中的动物进行照料。

从动物形象的塑造上来说，虽然两款软件所采用的绘制手法略有不同，但它们有一个共同的特点——大眼绘制，将动物们的眼睛绘制成晶莹的大眼造型，从而让一种无辜、卖萌的可爱气息不由自主地流露出来。

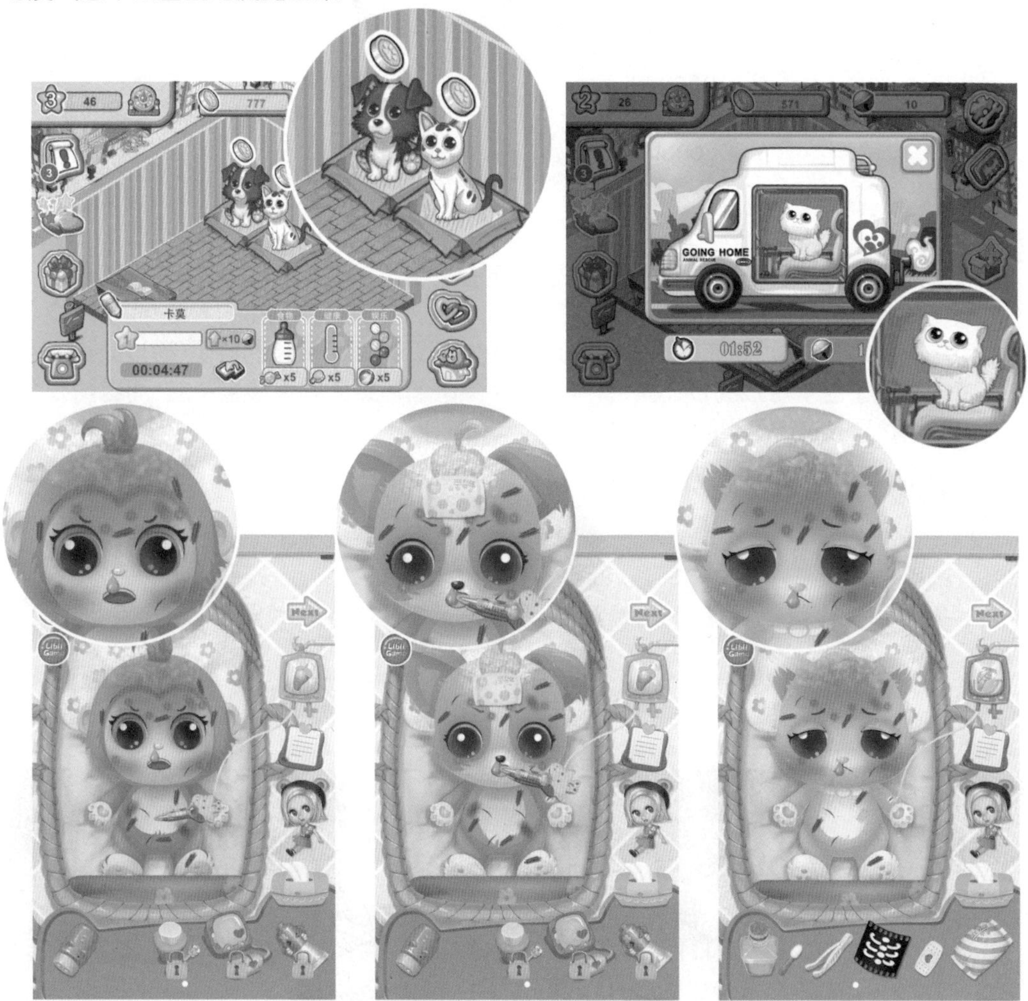

APP特色»

综上所述，我们可以看出以上两款软件主要通过巧妙的配色手法，来渲染一种可爱卖萌的视觉氛围，并通过为游戏中的卡通动物绘制一双晶莹剔透的大眼，巩固游戏的卖萌风格，从而迎合儿童群体的喜好。

万圣节恐怖大厦与逃离大厦是两款解密益智类手机游戏。与其他同类型游戏相似，当用户打开并进入这两款游戏以后，首先会进入一座气氛诡秘的大厦，而后需要用户解开大量谜题，抑或是完成一些流行的小游戏，来解开最终的谜团（通过最终的关卡）。对于这类游戏的设计来说，神秘惊悚氛围的渲染无疑是最重要的，而这两款游戏皆达到了这一效果。

1. 暗色调的氛围渲染

在万圣节恐怖大厦与逃离大厦这两款APP的配色处理上，皆以暗色作为主色调，从最终呈现的界面效果中，我们可以看出，暗色调带来的那种压抑、幽寂氛围，与整个游戏的场景设定十分契合。

万圣节恐怖大厦

屋外偏冷的暗色调，形成了一种阴冷诡异的视觉氛围，让观众不禁毛骨悚然；屋内偏暖的暗色调，不仅没有流露出丝毫的温馨氛围，反而让人感到压抑，沉闷！

逃离大厦

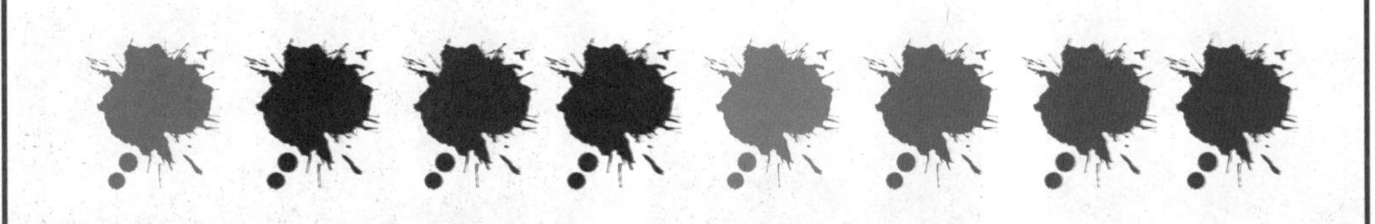

在逃离大厦APP的配色中，冷暖色的出现频率均等，但它们有着一个共同之处，那就是整体配色明度基本保持在低明度范畴。这种暗色调的运用，为游戏空间带来了一种神秘、不可琢磨的感官效果。

2. 红色系的血腥气息

在用色上，这两款游戏还有一个共同的特点，那就是在一些重点区域，设计者会用到红色作为强调式用色，只不过这些红色在纯度运用上存在一定差异。

为什么会选择红色？

对于这个问题，我们要从红系色彩的负面意象上来分析。提到红色，人们常常会想到血液、暴力这些不好的意象。因此，在对这类游戏场景进行设计时，大多数设计师会选择适量红色来渲染恐怖、惊悚的氛围。

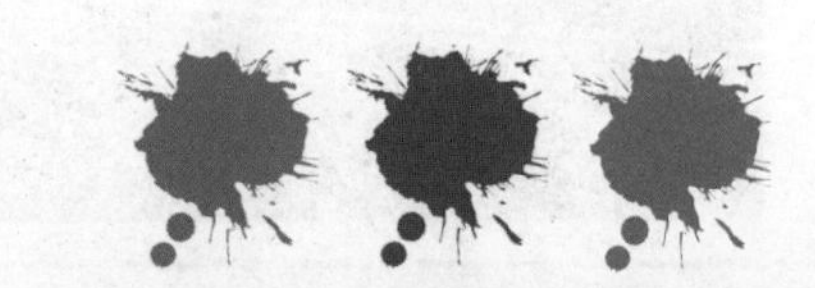

3. 特殊元素的设计

在惊悚类场景的设计中，存在着这样一类特殊元素，它们可能对整个游戏的进程没有丝毫影响，但是却能使玩家从内心产生出一种不寒而栗的感觉。接下来，将从这两款游戏中，挑选几种特殊元素进行讲解。

大门口随处可见的血渍元素，让玩家还未正式进入室内开启探险之旅，心情便瞬间高度紧张起来。

当墙壁上悬挂的泛黄照片出现在这样一种场景中时，透露出一种耐人寻味的诡秘之感。

游戏一开始出现的墓碑元素，让玩家不由心中一震。

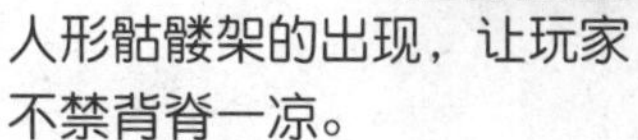

人形骷髅架的出现，让玩家不禁背脊一凉。

APP特色》

综上所述，我们可以对这类软件的设计特点进行一个简要的概括：1.通过昏暗的色调，营造出基本的诡异基调；2.以适量的红色，来增加场景的血腥与恐怖气息；3.加入特殊元素，将场景中的惊悚感推至高潮。

科幻炫彩风格——雷电 2014 与烈焰战机

雷电2014与烈焰战机是两款属于飞行射击类的游戏APP，这两款APP在设计上有着许多共同点，超炫的弹幕、激昂的音乐，都让玩家轻松体验到一种顶级科幻飞行射击所带来的激爽乐趣。接下来，就随我一同进入以科幻炫彩风格所构建而成的游戏空间中吧！看看两款游戏的设计师究竟用到了哪些设计手法！

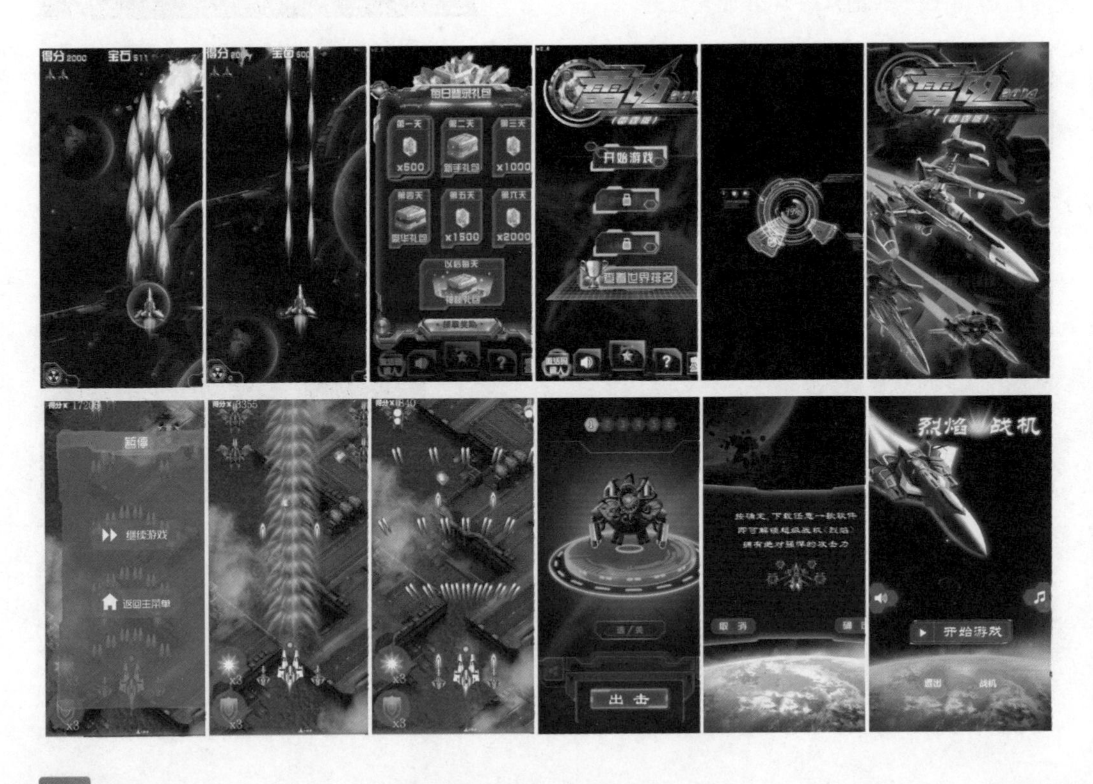

1. 科幻风格的营造

一提及“科幻”这一意象词语，我们往往会联想到浩瀚的宇宙、冰凉的机械等事物，由此，我们便可联想出一系列的用色，来营造出我们印象当中的科幻风格。如下图所示，在雷电2014与烈焰战机的色彩设计中，两款APP的设计者便根据我们前面讲到的这种思路，制定出了相应的配色方案。

从科幻一词开始联想……

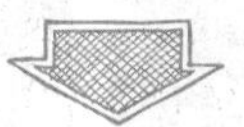

浩瀚的宇宙、冰冷的机械……

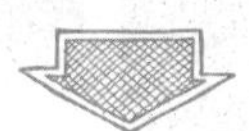

根据上述物象，进行联想用色：不论是宇宙，还是机械，都让我们感受到了一种理性化的冷硬气质，对此，本身就属于冷色系的蓝色应当是不错的选择，并且为了表现出宇宙的不可捉摸的神秘感，我们应将大面积的色彩明度控制在较低范畴。接下来，我们将给出两款软件为了营造出科幻风格所用到的基本色调。

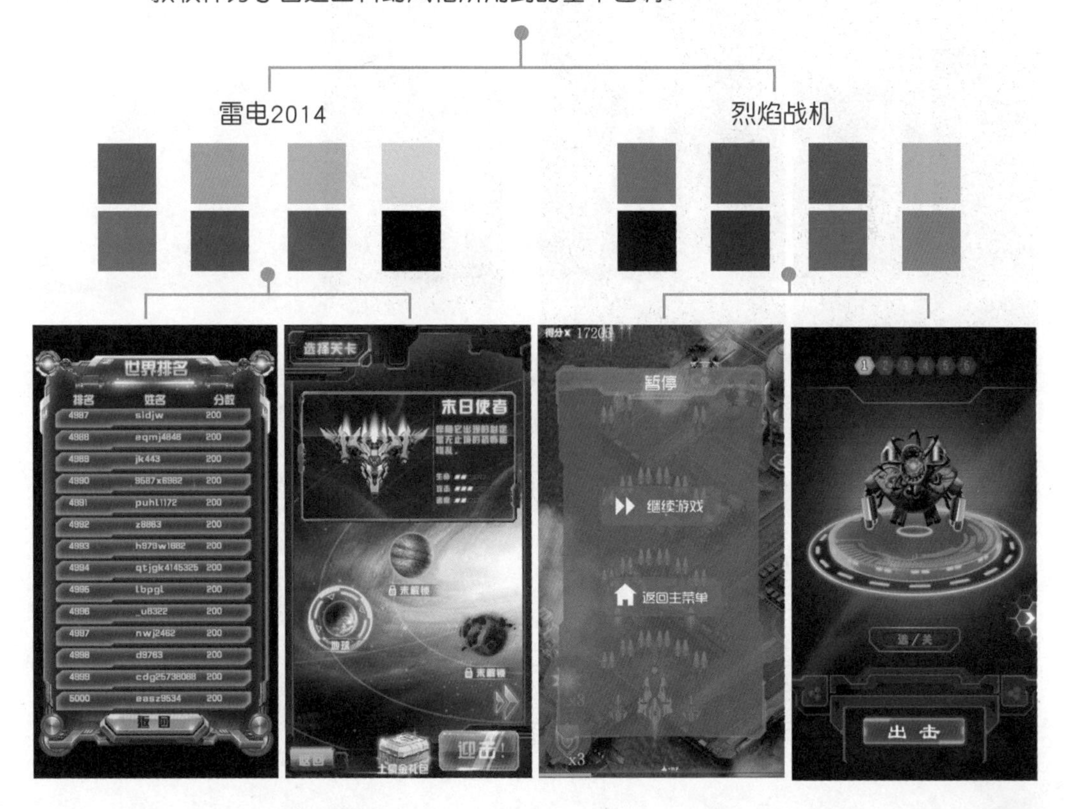

2. 炫彩光效设计

在平面设计中，炫彩光效属于装饰图形范畴，但在雷电2014与烈焰战机这两款APP中，这类图形不仅起到了极强的装饰作用，让游戏界面的科幻风格更加浓郁，还对游戏实时战况的激烈程度做出了一定的反映。

雷电2014

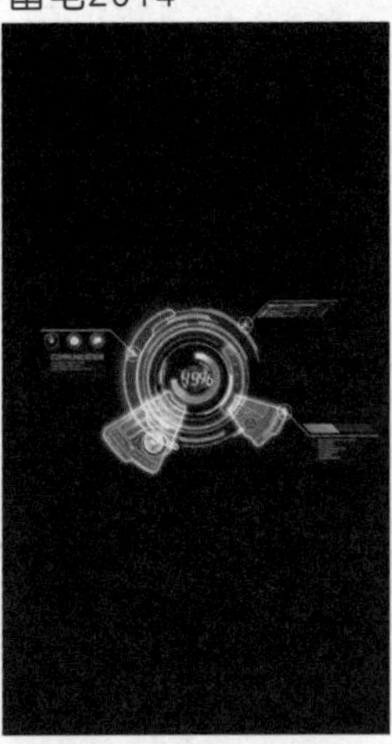

烈焰战机

如左图所示的两幅游戏界面，皆利用了炫彩光效的装饰功能哦！

从左至右，随着光效元素的增加，我们可以发现，游戏实时战况的激烈程度，也越发强烈。

APP特色

综上所述，我们可以看出以上两款软件皆是通过大面积蓝系色彩的巧搭，来营造科幻风格，并借由炫彩光效的设计，来展现游戏的刺激感，从而为玩家带来一种视觉上的盛宴。

左边界面所示的数独游戏与右边界面中所示的方块数独游戏都属于数独益智类游戏。结合数独游戏方格与数字结合的特点，这两款数独游戏的游戏操作界面都显得规整而简洁。

然而除此之外，在进行视觉设计时，明了的操作提示也是用户进行流畅游戏的关键所在，下面便来看看这两款游戏分别是如何进行明了的设计的。

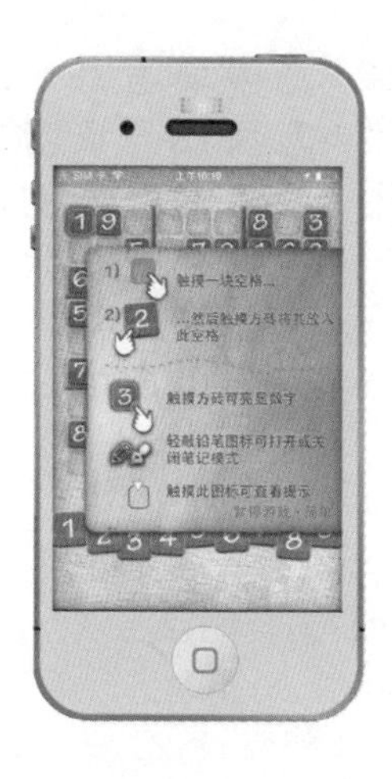

»1. 块状分割的整洁界面布局

»2. 适当的色彩变化让选择更加明确

»3. 动态效果让界面更有趣

开启游戏界面　　选中填写方块　　填写数字后　　完成一格数字填写后

数独

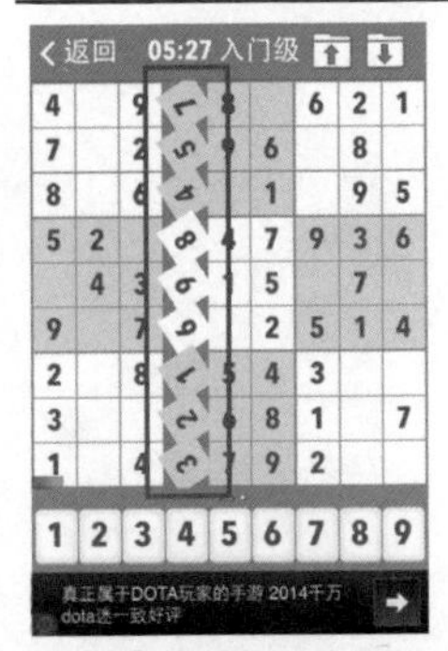

方块数独

与选中方块相关的方块色彩相对较弱

选中的方块色彩更明显

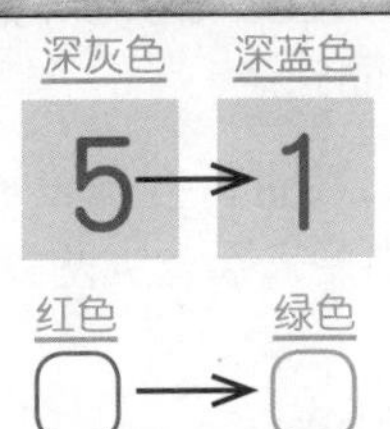

360° 动态旋转

通过颜色不同的色块与线条界面被有序地分割为了九宫格的形式。分割感方便用户对于数字信息的掌握与浏览，增添了游戏的流畅感受。

选中填写方块后方块及与该方块相关的数字的底色或描边都会发生色彩的变化，引起用户的注意起到提示作用。

当完成数字的填写后，数字的颜色或是装饰数字的方块色彩便会发生相应变化，这样的设计提醒了用户游戏操作的进度。

当完成整格数字的填写后，数字360°的动态旋转，不仅在视觉上起到了提醒用户完成填写的作用，也增添了游戏的乐趣。

APP特色» 通过上文的描述我们可以总结如下。适当的分割布局、色彩的搭配或是动态视觉效果的添加，能让游戏界面在整洁的同时起到一定的提示作用，让用户可以更加流畅与有趣地进行游戏操作。

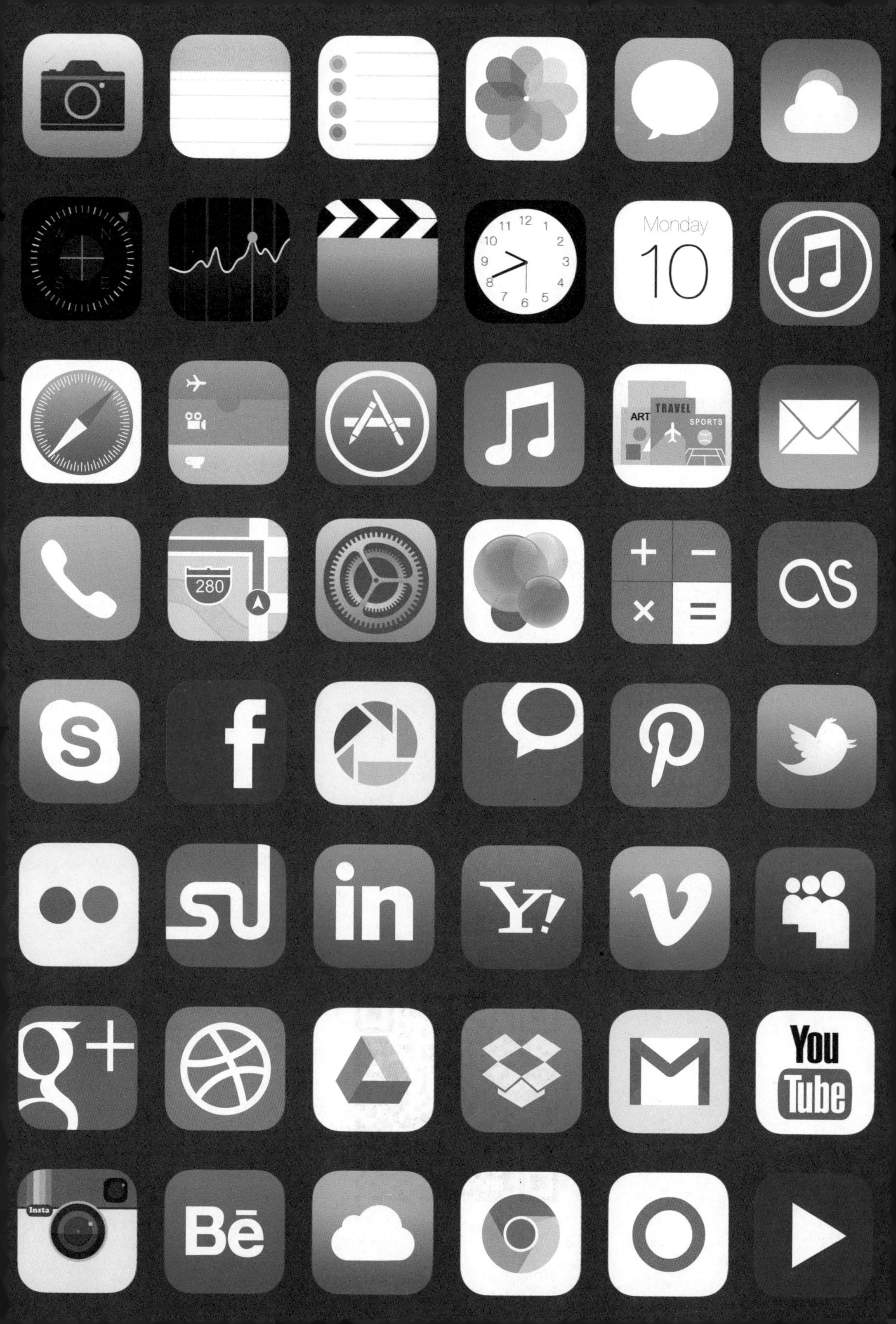

Monday
10
ART
TRAVEL
SPORTS
280
Y!
You
Tube
Insta
Bē